兔兔的老年生活規劃

為了與心愛的兔子
一起幸福生活到最後一天
我們能夠做些什麼？

兔子時間編輯部——著

我想你一定會這這麼說

「現在做老年的規畫還太早」

但是啊
因為希望你可以
健康地活著

因為想要盡可能地延長和你相處的時間

想要更加珍惜
今後一起度過的時光

拍攝模特兒

小白
13歲／小白也有出現在感謝狀的單元裡。

小鶺鴒
7歲／最大的魅力是豐滿的毛髮。

堅果
10歲／年滿10歲後仍然很擅長站立。

小餅乾
6歲／最喜歡庭園散步的貪吃女孩。

JOY
8歲／有著惹人喜愛的娃娃臉。

蕪菁
10歲／小名是「蕪菁爺爺」。

目錄

好好喝喔～

好累啊～

真的耶！

前言

兔子老年生活的關鍵，就掌握在飼主的手中。因此，在兔子年老之前，飼主要替兔子確實做好「老年規畫」。只要認真準備，兔子就能安養晚年。

兔子專門雜誌《兔子時間》在２０１８年迎來十週年。在這十年間，我們採訪了很多兔子，發現飼養出超長壽兔子的飼主大多都是性格爽朗、大方的人。可能受到飼主心胸豁達的影響，其中有許多兔子相當我行我素。

在「老年規畫」中最重要是飼主的笑容，其次是飼主積極向上、靈活變化的態度。畢竟若是受到「不這樣不行」、「不可以做那種事」等想法所束縛，就沒辦法抱持著輕鬆愉悅的心情照顧兔子。

有許多兔子在上了年紀後，反而變得更愛撒嬌。像這樣有機會看到老年兔的可愛之處，是飼主才擁有的特權。

但願你與兔子相處的日子能幸福、長久。

兔子時間編輯部

CHAPTER

1

從今天開始著手老年規畫

及早進行老年規畫，打造健康的老年生活

老年規畫是「未雨綢繆」

「現在兔子的壽命愈來愈長，也有超過10歲的兔子。這麼看來，我家的兔子還沒到需要做老年規畫的年紀吧？」

應該有許多飼主是抱持著這樣的想法。其中可能也有本持著父母心，不想讓兔子聽到「年老」這個詞彙的人。但是我在這裡想告訴大家的是，要做準備的不是兔子，而是飼主。著手進行老年規畫的目的是為了讓兔子能一直維持在健康有活力的狀態。

在兔子的一生中，身體狀態提升最快、最明顯的是1～2歲的時候，由於進入青春期的階段，精力尤為旺盛。一般也是在這個時候開始煩惱公兔的噴尿行為。相對地，兔子會在這個階段之後穩定下來，變得更為成熟，這表示我們和「成年兔」相處的時間會相當地長。

面對不管幾歲都很可愛的兔子，很多飼主都會不自覺使用像是「〇〇吃飯飯囉！」這樣的寶寶用語。使用寶寶用語時，不僅語氣會柔和許多，聲調還會跟著

柚子丸
11歲

滿11歲後，依然很有精神地把提摩西草灑滿地。不吃曾掉到地板的食物。（東京都／I・R）

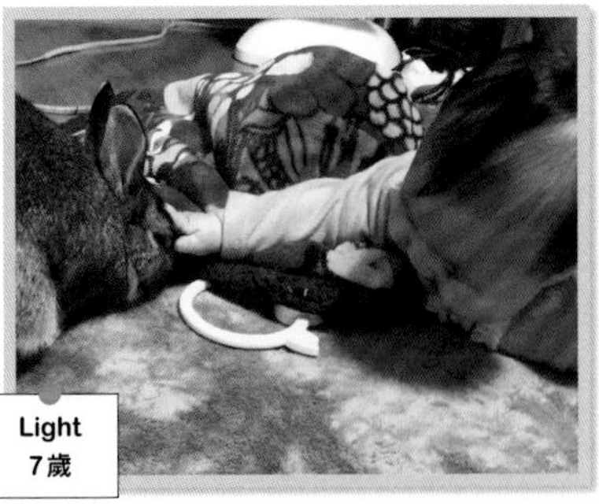

Light
7歲

只是待在那裡就讓人覺得療癒。對孩子很溫和，會和孩子玩。（千葉縣／S・K）

上揚，聽在兔子耳裡會覺得非常安心。不過，如果飼主因為過於想讓兔子「依然像個孩子」，而讓兔子一直生活在年輕時的成長環境，對兔子來說並不是件好事。

兔子是否覺得牧草和飼料難以下嚥？兔子跳上閣樓或進入隧道時是否出現失敗或是踩空的情況？請不要被兔子的「可愛」和「看起來很年輕」所蒙蔽。畢竟能守護兔子安全和健康的不是別人，正是飼主。

一點一點地完成能做到的事

兔子對於環境的變化相當敏感，與其等到兔子年老後才急急忙忙地更換住處和飲食，不如從現在開始著手慢慢準備。因此，飼主愈早了解老年規畫愈好。

以流質食品為例，現在在市面上可以看到各種不同的類型，飼主可以根據兔子的喜好來選擇。趁著兔子還年輕時嘗試，從中找到自家兔子的喜好，也是老年規畫的一環。

此外，對老年兔來說很重要的是，飼主要經常向牠們說話。無論是要說今天發生的事，還是「好喜歡你！」都可以，主要是藉由熟悉的聲音讓兔子的內心平靜下來。因此，這點也是希望各位從現在開始進行的事項。

楓太10歲／櫻花9歲／青空6歲

3隻兔子各有不同的個性，相處起來很有趣。今後也會好好地照顧牠們。（千葉縣／阿健媽媽）

巫子
8歲

不擅長梳理左耳，一直無法梳理好的時候看起來很可愛。（滋賀縣／肉汁過激派）

所謂的兔子衰老

野生的兔子與我們的兔子

據說野生兔子的壽命大概是4～5年。不過，在野生的環境中本來就很難壽滿天年，畢竟有很多會危害到生命的天敵。

對在野外生活的兔子來說，只要露出弱點，立即就會有生命危險。因此，牠們必須盡可能地掩飾「弱點」。受到此天性的影響，與我們一起生活的兔子，也會試圖隱藏自己的疾病和傷口。在兔子的堅持下，飼主往往會錯過及早發現兔子不適的時機。所以要識破兔子掩蓋的問題，就只能靠飼主仔細地觀察。

兔子專門雜誌《兔子時間》的編輯部收到許多在野外不可能拍得到的兔子「睡姿」照。像是肚子朝上或是快要滑出籠子等，其中也有眼睛完全閉上的兔子（據說兔子會為了避免被外敵襲擊，而張著眼睛睡覺）。這些照片就是兔子卸下心防，相信飼主的證據。

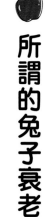

一起生活才能看見的衰老

兔子的年紀與飼主一起增長時，自然就會顯露出自身的弱點，也就是「衰老」。並且會因為開始沒辦法做到原本可以做得到的事，進而向飼主撒嬌。其中也會有兔子在煩躁的情緒下變得固執，不過這點就跟人類一樣，不用太過意外。

相較兔子，飼主更會為「衰老」而煩惱

兔子不會跟人類一樣，煩惱晚年後的各種事情。只有人類會思考「臥床不起該怎麼辦？」、「如果需要看護要怎麼處理？」之類的問題。儘管兔子會有「奇怪？明明昨天還做得到這件事，今天為什麼都做不好？」的想法，不過並不會對自己逐漸衰老這點感到耿耿於懷。

此外，兔子就算失明，也可以用聽覺、嗅覺等感官來補足。若是老年引起的白內障，畢竟也不是突然看不見，兔子當然不會為此感到不知所措。

反而是飼主才會覺得不知所措或耿耿於懷。看著衰老速度比自己還要快的兔子，飼主通常會表現出過度的擔憂，進而導致兔子敏銳地察覺到飼主的不安。

為老年兔送上祝福

兔子年老即代表其長壽，是值得慶祝的事。請以開闊的胸襟來接受兔子的年老，並讓兔子知道，自己可以健康度過生日，對飼主來說是多麼值得開心的事情。

即使無法再順利跨入便盆，縱然眼睛深處呈現出老態的顏色，兔子的可愛依然不變。準確來說，兔子向飼主敞開心扉，將身體交給飼主的愛是無可替代

11歲時曾經歷熊本地震的May。患有白內障，但食慾依然旺盛。

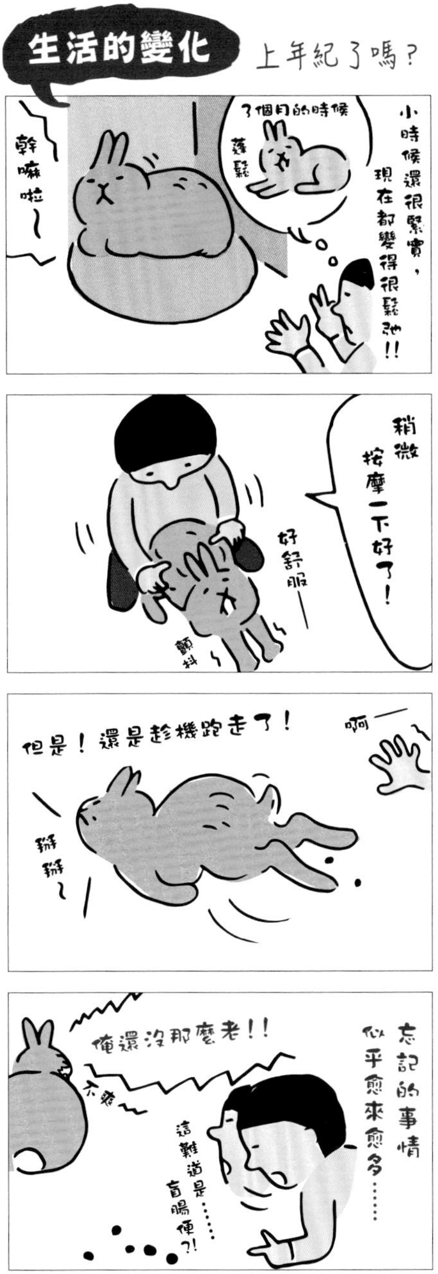

的。飼主愈是照顧兔子，就愈是加深對兔子的愛。

和我們一起生活的兔子，其壽命在這10年間逐漸拉長。過去都說「兔子的壽命大約6、7年」，但現在有很多超過10歲依然相當健康的兔子。兔子的壽命之所以得以延長，多虧於飲食好轉、醫療的進步以及飼養環境改善等，其中最重要的原因是，飼主意識的提高。飼主的愛護，使兔子生命力愈來愈強大。

以百壽為目標，兔子的「祝壽」

以感謝的心情，慶祝人生階段

人活到值得慶祝的年紀時，與家人和親朋好友一同分享祝賀的心情，可以讓彼此的關係更加緊密充實。同理，飼主也可以幫兔子設定「祝壽」的年紀，並慶祝牠健康地迎來那一年。《兔子時間》建議的慶祝年有5個。每逢慶祝年可以贈送兔子喜歡的零食，或是接下來會在第3章介紹的「兔子感謝狀」。檢測項目比平時還詳細的健康檢查也不錯。

《兔子時間》研究、提供，兔子和人類年齡的換算表

「我家的兔子現在8歲，那是相當於人類的幾歲？」時常會有讀者詢問類似的問題。因此，《兔子時間》編輯部根據近期的兔子狀態製作了年齡換算表。由於存在個體差異的關係，年齡並不一定等於衰老，不過還是請飼主將此表作為參考標準之一。

希望今後兔子的壽命會繼續延長，讓這個年齡換算表也能愈來愈長。

還曆 7歲

精力還很充沛的7歲。兔子滿7歲的同時，
也是開始幫牠們做老年規畫的時機。

古稀 9歲

平時安靜度過的時間愈來愈長的9歲。
可以找尋並給予牠們喜歡的食物。

傘壽 10歲

將作為一個里程碑的10歲命名為「傘壽」。在這天大肆地慶祝，並向兔子傳達自身的感謝吧！

兔子的年齡換算表 ～2018年版～

	兔子	人類
斷奶	約8週	約1歲
青春期	4～5個月	12歲
成長期	1歲	20歲
青年期	2歲	30歲
	3歲	36歲
壯年期	4歲	42歲
	5歲	48歲
中年期	6歲	54歲
	7歲	60歲
老年期	8歲	66歲
	9歲	72歲
	10歲	78歲
	11歲	83歲
	12歲	88歲
	13歲	93歲
	14歲	98歲
	15歲～	103歲
長壽紀錄	18歲又10個月	122歲

＊並不通用於所有的兔子，根據品種和個體會有所差異。

卒壽 13歲

13歲在現今已經不再稀奇，但依然是超級長壽的證明。以兔子最喜歡的零食來慶祝。

百壽 15歲

值得站起來鼓掌的15歲。光是活著就是在鼓舞全體兔子飼主。

為養老做準備，改建成舒適的住處

目標是今後可以住得舒適

年輕時精神充沛、活蹦亂跳的兔子，隨著年紀漸長，活動量會逐漸降低，可能會無法再像過去一樣，可以輕鬆跳到閣樓層板和木屋上方。因此，即使是兔子也需要可以養老的住處。接下來，就來一起思考該如何整修住處，才能讓老兔子住得舒適吧。

不過，若是突然改變住處的模樣，反而會造成兔子的壓力，要在留意兔子的情況下，慢慢修改兔籠裡的擺設等。

在「年老」之前，要先進行住處改裝

在兔子出現衰老跡象之前，是重新檢視住處的最佳時機。趁兔子還健康時改變環境，比較不會造成兔子的負擔。

推測未來的情況，改造成容易清掃的住處也很重要。對老年兔來說，住處骯髒不衛生，無法徹底清掃乾淨是個極其嚴峻的問題。請逐一檢視每個細節，讓兔子和飼主都能心情愉悅地度過未來的時光。

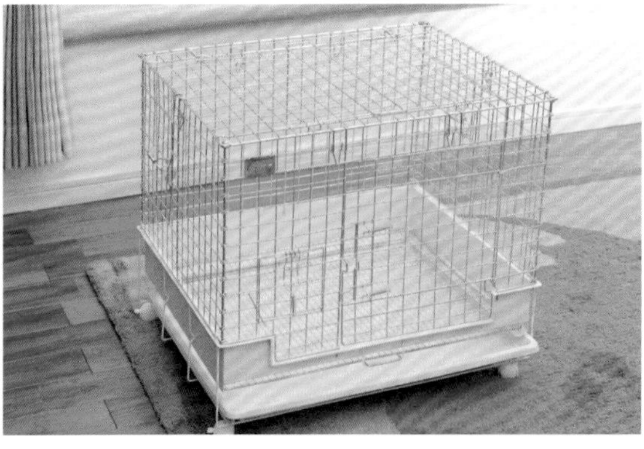

若要購買新的兔籠，請選擇更大的尺寸。每年逐步改善兔籠擺設，同時也會愈來愈好清掃。

如果兔子喜歡木屋，建議換成較為寬廣的兔籠，方便兔子上下活動。

兔子若可能會從木屋上踩空，可考慮拆除木屋。

兔子如果已經沒有啃咬的嗜好，可撤除啃木。這麼一來，可以更清楚看到兔子的情況。

若兔子沒有在使用便盆，建議拆除，以營造兔籠內的無障礙環境。

籠子的底網鋪上稻草墊，製造出能讓兔子休息的地方。

為了讓兔子順利出入，也可以放置踏台（P23）或斜坡。

花點時間

撤除閣樓層板

希望飼主在兔子上年紀之前，先留意兔籠裡的閣樓層板。在兔子還年輕時，可以快樂地在閣樓跳上跳下，但隨著年齡的增長，失去平衡摔下來的風險也會愈來愈高。

雖說如此，若突然拆除閣樓層板，可能會發生兔子以為那裡有層板，依然往上跳導致受傷的情況。建議每週逐步降低層板的高度，降至最低後再拆除。

減少高低差，以便來去自如

兔子年紀愈大可能會愈難跨越高低差，有時就會出現直接在便盆外面小便的情況。因此，建議降低便盆的高度，以拉長兔子使用便盆的時間。可考慮高度較低，容易跨越的便盆（P105），或是本身就附有便盆，且高低差不明顯的兔籠（P107）。並在兔籠的入口裝設穩定、寬敞的踏台，方便兔子安全、輕鬆地出入。

改變餐碗的位置和角度，飲食更為方便

有些飲水器可能會因為水量減少，導致兔子難以飲用，這時可以將飲水器安裝在稍微低一點的位置，方便兔子飲水。餐碗則建議使用固定在兔籠的類型，這麼一來就能隨時維持在容易進食的高度和角度，相當方便。

在出入口裝設踏台時，要注意兔子是否會踩空或滑倒。

簡易手工製作的踏台

將木盒或餅乾盒翻面，以毛巾（不容易脫線）等包捲起來即完成。在地板鋪上防滑墊，避免踏台滑動。

降低閣樓層板的高度

將閣樓層板和網狀隧道等慢慢地下移，待移到下方後再拆除。

在部分地區鋪上墊子

兔子會愈來愈常待在同一個地方。建議可以在部分場所鋪上稻草墊或布製的墊子。鋪上布製墊時，要留意兔子會不會啃咬。

留出更大的空間

即使逐漸衰老，兔子依然會感到無聊，所以還是需要一定程度的「高低差」。建議換成較大的兔籠，並架設出容易跨越的高度。

利用房內散步輕鬆愉快地維持肌力

透過房內散步，維持現在的肌力！

房內散步的時間是兔子和飼主可以相互交流，快樂度過的時光。除此之外，還能透過適度的運動以維持肌力，也有預防肥胖的效果，從而避免老年摔倒或臥床不起。

此外，隨著年齡的增長，房內散步的過程中，兔子躺著的時間會愈來愈多。但若因此減少房內散步的時間，就結果來說會非常可惜！建議延長房內散步的時間，或是想辦法讓兔子快樂地動起來，以增加牠們的運動量。

如果要增加運動量，那就要先增添趣味性

沒有太多時間可以讓兔子進行房內散步時，推薦在兔籠外連接圓形的圍欄，以增加兔子平時生活的空間。圍欄裡也可以放置牧草和設置廁所。

花點心思準備一些零食，或是多多撫摸兔子，就能讓彼此更加享受房內散步的時光。

透過給予零食或撫摸等相互接觸的過程，可以增添房內散步的樂趣。

兔子的敏捷遊戲，主要是用來讓兔子跳躍。拆除橫桿後，只是來回走動，也能享受到樂趣。

方塊木屋是很受兔子歡迎的遊戲場。兔子年老後，可拆除第2層，只設置單層。

在房內散步時，兔子有時會來不及到便盆大小便。照片中是將看護用的防水墊鋪在墊子上。

即使不太常做運動，兔子也會有「想離開籠子」的想法。進行房內散步，有助於轉換心情。

在房內散步的過程中，兔子臥躺的次數會愈來愈多。這時可以摸摸牠們，讓兔子盡情地撒嬌。

column

帶兔子散步與老年規畫

一般並不推薦帶老年兔到室外散步。但對從小就喜歡散步的兔子來說，散步是牠的快樂來源之一。所以若要帶兔子到室外散步，建議選擇熟悉、安全的環境。此外，請避免在兔子年老後才開始帶牠們去室外散步，讓兔子平靜地生活才是最佳的飼養方式。

確實攝取牧草，保持牙齒和腹部的健康

不論年齡，以牧草作為主食都對健康有益

對兔子來說，牧草是很重要的主食。兔子在以牙齒咬碎牧草時，有助於磨短生長中的牙齒。這麼一來，牙齒就不會過度生長，進而預防咬合不正。

此外，牧草還含有豐富的纖維質，有助於健康地調整消化道的機能。基本上，無論兔子長到幾歲，都要以牧草飲食為主，但若是因為牙齒問題無法食用牧草，那就只能找其他方式來替代。

活用牧草的特點，有助於增加兔子的食用量

一割的提摩西草是適合所有年齡層的牧草。一割是指當年第一次收割的牧草，富有優良的纖維質，無論何時都可以讓兔子想吃多少就吃多少。

如果兔子不喜歡一割的提摩西草，可以試著用二割或三割的提摩西草或是其他牧草來吸引牠們。兔子一般都喜歡具有香氣的燕麥草和紫花苜蓿草，但後者營養價值較高，若是吃太多，容易會造成腸胃負擔以及導致肥胖。

咔滋咔滋吃著牧草的聲音，對飼主來說是令人高興的聲響。偶爾也可以讓兔子在如左圖中的「牧草牧場」中玩樂。

因此，無論是燕麥草還是紫花苜蓿草，都建議當作零食，少量添入提摩西草裡混合、餵食。

對於隨著年齡的增長日漸消瘦的兔子，則建議飼主可以觀察自家兔子腹部的情況，酌量添加紫花苜蓿草。

不吃的話就再找一次喜歡的牧草

有些兔子在年紀逐漸增長的同時，會變得不願意吃從小就一直很喜歡的牧草。假設身體沒出問題，牙齒也很健康的話，那可能是兔子對食物的喜好出現變化。

只要找到符合現在口味的牧草，兔子應該就會願意重新嘗試。所以不要因為兔子上了年紀就放棄，為了讓兔子確實攝取牧草，請試試看各個產地或品牌的牧草。

生活的變化 喜好改變

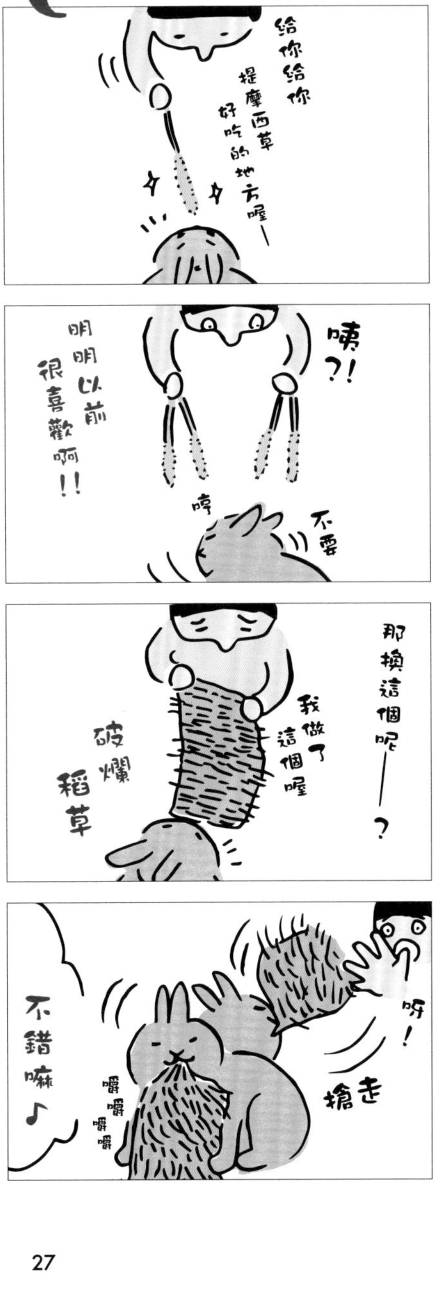
給你給你
提摩西草好吃的地方喔—
咦?!
明明以前很喜歡啊!!
哼
不要
那換這個呢——?
我做了這個喔
破爛稻草
呀!
搶走
不錯嘛♪
嚼嚼嚼嚼

透過顆粒飼料攝取均衡營養，維持年輕活力

顆粒飼料是繼牧草第二重要的日常食品

作為綜合營養食品的顆粒飼料（兔食）是僅次於牧草的日常食品。儘管如此，在兔子想吃顆粒飼料時，還是要在不影響攝取牧草的情況下酌量給予。

也有兔子比起牧草更喜歡吃顆粒飼料。但兔子是用上下排牙齒擠壓的方式來咬碎顆粒飼料，所以沒辦法像啃咬牧草一樣，達到磨牙的效果。為了防止兔子咬合不正，建議還是將顆粒飼料作為副食，控制餵食的分量。

之前的顆粒飼料不再適合時，請改為老年用

即使是從小餵食到大的顆粒飼料，也會隨著兔子年紀愈來愈大，變得不再適合牠們，例如導致兔子體重下降、變胖或是造成腸胃的負擔等。遇到這種情況時，建議改為老年用顆粒飼料。

老年用顆粒飼料大多都是低鈣高纖維，有些還含有葡萄糖胺、輔酶及中藥材等據說對身體有益的營養成分。請飼主試著找出適合自家兔子的腸胃又符合其口味喜好的顆粒飼料。

顆粒飼料的優點是，可以輕鬆補足牧草缺乏的營養成分，讓兔子攝取到均衡的營養。

〈Yeaster〉
bunny selection
超級老兔飼料
7歲以上適用，含有輔酶Q10、葡萄糖胺等。

〈wooly〉
SPECIAL BLOOM
由植物性胎盤素、寒天寡糖及繡球菌調配而成。

〈SANKO 三晃商會〉
兔子PLUS　高齡補充餐
富含適合高齡兔的葡萄糖胺、維生素B12等。

〈Hi-Pet〉
極兔糧
不含澱粉和穀類，有效降低熱量。適合各年齡層的兔子。

此外，如果一直以來吃的顆粒飼料沒有出現什麼問題，不用勉強替換也沒關係。

〈GEX〉
彩食健美
5歲以上老兔配方
（7種草藥配方）
含有促進代謝的植物酵素。顆粒柔軟，不會造成牙齒過度磨耗。

給予蔬菜和零食，晚年的樂趣和相互觸碰

親手餵食或是當做獎勵，與兔子一起享受零食吧！

不僅是讓人幸福的零食，也要準備緊急時刻的防災食品

吃是兔子生活的一大樂趣。尤其是上了年紀，逐漸不再活潑地到處跑來跑去時，吃就成重要的幸福來源之一。建議在控制好分量的情況下，給予兔子美味的蔬菜和零食。

只要在平時餵食蔬菜和零食，就能知道兔子的喜好。在找到兔子喜歡的食物後，飼主也就不必擔心牠們沒有食慾時該怎麼辦，改餵符合喜好的食蔬菜和零食即可。兔子年老後，容易患有消化系統的疾病，所以平時就要了解兔子在口味上的喜好。

給予蔬菜和零食的同時加深感情

蔬菜是一種愈是當季，營養價值就愈高的食物。飼主要盡可能給予季節性的蔬菜。此外，也可以自己栽種適合兔子吃的蔬菜，讓兔子享受新鮮的美味。

推薦將零食當作溝通的工具，放在手上餵食。或是將蔬菜和零食放在房間或圍欄的一角，以此來吸引兔子運動。

column

營養補充品深受老年兔的喜愛

目前在市面上販售著各式各樣的老年兔營養補充品。營養補充品並非藥物，不是一定要攝取的食品，但用來補充兔子的營養相當方便。如果兔子喜歡吃的話，可以拿來當作零食，一點一點地餵食。不過，飲食上還是要以牧草和顆粒飼料為主。隨著兔子的年齡愈大，往往攝取的營養補充品會愈多，但這只能做為營養輔助食品，不可攝取過量。

找出兔子的衰老跡象

兔子的衰老是個性的一部分

每隻兔子開始衰老的時間都不同。例如，有的兔子即使超過10歲仍然精力充沛地跳上跳下，有的兔子則是在7歲就呈現出毛髮乾燥缺水的樣子。此外，老化的現象也各不相同，有的兔子活潑好動但經常生病；有的兔子很健康但時常臥床不起等。

目前可以確定的是，隨著歲月的流逝，兔子也會逐漸出現變化。然而，正是因為度過快樂的每一天，才會有現在的兔子。所以應該將兔子衰老看成是其個性的一部分，正確地與之相處。

別弄錯衰老和疾病

老年兔一天的睡覺時間比較長。其中也有兔子是因為身體疲憊、疼痛等因素而不願意活動。

如果能及早發現病症，治療也會更為順利。即使兔子的行為和接下來介紹的「衰老跡象」相同，如果是突然出現的變化，以防萬一，還是前往醫院諮詢會比較保險。

衰老跡象

在梳理毛髮的時候摔倒

兔子在食糞或梳理毛髮的時候，腳步愈來愈不穩。有時還會直接摔倒。

察覺到的時候，今天已經躺了一整天

較少跑動，較多時候是在發呆或躺著。因為容易疲憊，睡覺的時間也就跟著拉長。

出現老年兔才有的作風

眼睛逐漸凹陷、不會為事物動搖等，出現老年兔才有的行事作風。

喜歡的牧草出現變化

牧草的喜好改變，例如原本喜歡吃牧草莖，現在比較喜歡吃柔軟的葉子或麥穗。

還有這些跡象

- 因為高低差摔倒
- 漸漸不再跳躍
- 從不坦率的兔子變成愛撒嬌的兔子

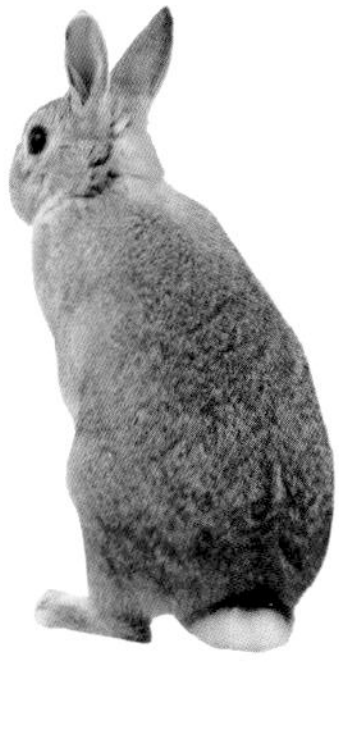

衰老跡象

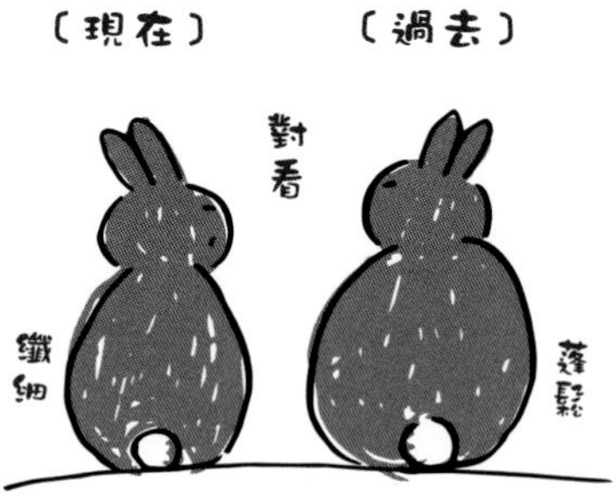
〔現在〕
〔過去〕
對看
纖細
蓬鬆

小一圈

除了肌肉量減少，毛髮的蓬鬆度也會下降，所以看起來會比年輕時還要瘦小。

要摸摸看嗎？

背部凹凸不平

衰老後肌肉量會降低。時常會出現腹部豐滿，背部骨瘦如柴的情況。

〇〇來來來
我聽不到喔♪
不摸的話，我就不動—

因為耳背而我行我素

聽力愈來愈不靈敏，就算叫名字也沒有動作，對突如其來的聲響也沒什麼反應。

你叫我—？
眼淚汪汪

明明不難過，卻常常流淚

因為牙齒問題或眼睛的疾病等，經常會流淚。眼角周圍也會出現淚痕。

在房間中央睡著

逐漸失去警戒心，對任何事都變得很無所謂，例如在房間的正中央睡覺。

強烈要求摸摸頭

一有機會就會要求飼主「摸摸頭」，飼主因此隨時處於摸摸頭的情況下。

閣樓層板是什麼？

沒辦法跳到以往很喜歡的閣樓層板和隧道上。是時候可以拆除這些擺設配件了。

食物沒吃完

若是飼料容器不方便飲食，或是喜好改變，就會導致食物沒吃完。遇到這個情況時，請重新檢視兔子的日常飲食。

還有這些跡象

- 指甲因為運動不足而變長
- 喜歡靠著、躺著
- 允許被人抱著
- 毛髮愈來愈乾燥

不在便盆尿尿

明明便盆近在眼前，卻不在便盆大小便。有時甚至也不到便盆前面，直接當場解決。

喜歡曬太陽

老後身體容易變得冰冷，轉而喜歡溫暖的地方。會在溫暖的陽光下打瞌睡……

經常大出盲腸便

身體懶得往前傾，不再吃盲腸便。即便發胖也常常大出盲腸便。

不會從籠子裡出來

因為肌力下降，無法跨出籠子。建議在出入口放置踏台。

生活的變化 關於衰老跡象的二三事

又在睡覺……
呼—
便盆在那邊！
一坨
一坨
耶嘿嘿
是要睡還是要吃？
嚼嚼
癱倒
USAGI
呼嚕—
摸摸我的頭
鼻尖頂頂
你是怎麼了?!
跑過來撒嬌?!

都沒有咬痕吧！

不太會啃咬磨牙

許多兔子不再執著於啃咬。即使將布製物品放在籠子內，牠們也不會拿來磨牙。

用力撞
我以前有那樣嗎？

不再翻桌

兔子在年輕時，只要看到不喜歡的食物，就會直接打翻飼料碗。在牠們老後，有時個性會變得比較沉穩。

還有這些跡象

- 邊吃邊睡
- 只有在吃零食時會表現出聰明伶俐的樣子

兔子讀物

享受年老

曾經一副稚嫩模樣的兔子，不知不覺成長為優秀的成兔，並在最後步入老年。外觀看起來仍舊是可愛的「小兔子」，但實際的年齡早已超過飼主，逐漸到了上了年紀的階段。儘管是件令人感到悲傷的事，但這就是自然法則中的必然結果。

在與這樣的老年兔一起生活的過程中，也有許多隨著歲月的流逝才能得到的樂趣。例如年幼時粗暴、旁若無人的兔子，不知不覺已經變得相當穩，悄悄地靠過來的模樣，讓人覺得很可靠。此外，經常會聽到有人說：「兔子老了之後，變得很愛撒嬌。」像這樣一口氣拉近彼此間的距離，或許也是老年兔才會有的包容力。

另一方面，也有愈來愈固執，依然與人保持距離的兔子，但如此毅然決然地貫徹自身生活方式的樣子，反而顯得更為優秀，讓人想給予讚賞。

兔子上了年紀後，不妨想一想，自家兔子的性格是適合被稱為「老頭子、老太婆」還是「爺爺、奶奶」類型，這樣或許會讓相處的過程更加愉快。

思考要如何讓兔子過上舒適的老年生活，並著手進行準備是件幸福的事。我要感謝的不是兔子走進我的人生，而是可以陪伴兔子走過牠兔生中集大成的階段。接下來，我想抱著這樣心情度過之後的每一天。

大野瑞繪

動物作家、日本一級愛玩動物飼養管理士、日本人與動物關係學會會員。著有《新版よくわかるウサギの健康と病気》（誠文堂新光社）等書。

CHAPTER

2

每日的健康檢查與容易罹患的疾病

監修・三輪恭嗣（三輪野生動物醫院院長）

善用家庭醫院和專門醫生

兔子的衰老並不是疾病

聽到「衰老」，或許有人腦中會浮現因為疾病步履蹣跚的樣子，但其實衰老並非疾病。

所有兔子都會進入衰老期。毛髮不再有光澤、不像以往般地活力充沛、身體逐漸消瘦，這些都是自然而然會發生的事。

另一方面，隨著年齡的增長，在免疫力跟著下降的情況下，年輕時經常罹患的疾病很容易就會再度復發。

尤其是胃腸道停滯及軟便等消化系統的疾病。

必須定期到家庭醫院進行健康檢查

兔子在上了年紀後生得病，都會比年輕時還要難痊癒。因此，預防和早期發現，在這個階段尤其重要。

建議飼主在感覺兔子已經不年輕時，就要定期到動物家庭醫院進行健康檢查。若兔子的身體沒問題，那建議4～5歲半年健診一次，滿7～8歲後改為3個月到半年一次。如果是10歲以上或是患有慢性病的兔子，最好是直接和家庭醫院討論下次的看

最喜歡吃香蕉和桃子。喜歡到就算睡得很沉，只要聽到「香蕉」就會馬上醒來的程度。（兵庫縣／Poirot媽媽）

與天竺鼠和八齒鼠一起生活。Picola是大家溫柔的姊姊。（東京都／Psuco）

診時間會比較好。

家庭醫生連小事情都能商量

家庭醫院可以說是兔子的家庭醫生，主要是幫助飼主管理兔子的日常健康，因此隨時都可以找他們諮詢兔子的身體狀況。

家庭醫院會在看診時掌握兔子平常的生活、體格和經常罹患的疾病等資訊。因此在他們在幫兔子做定期健康檢查或健康諮詢時，會替飼主注意到疾病的徵兆或是在決定治療方式時考慮到是否適合兔子個性。而且如果是熟悉的醫院，對兔子來說，看病的時候也比較不會有太大的壓力。若目前還沒有常去的家庭醫院，建議找一家可以依靠的醫院，以備不時之需。

根據症狀，找專門醫生進行更詳細的診療

想讓兔子接受更詳細的診斷，或是想諮詢其他人的意見時，也可以找專門醫生看診。

在專門醫生中，會有熟悉該領域的獸醫來仔細替兔子檢查。有些動物醫院會定期聘請外面的專門醫生來負責診察。此外，還可以活用獸醫師間的關係，請家庭醫院幫忙介紹專門醫生。為了讓專門醫可以根據之前的症狀等情況來進行診治，首先飼主應該要向家庭醫院諮詢「想讓專門醫生看診」這件事。

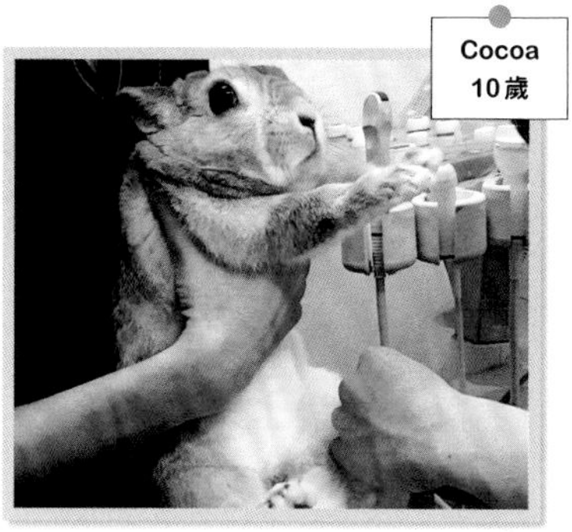

進入老年期後，就把閣樓層板拆除了。照片是去家庭醫院看醫生時拍的。（東京都／中里孝子）

圖中是總是無所事事的Woody。在出門工作前看到牠這樣，就會瞬間失去幹勁（笑）（愛知縣／F・R）

好好應對疾病有利於長壽

多虧了和飼主齊心合作，壽命才得以延長

上了年紀的兔子是一群一直健康地生活著，或是曾經戰勝疾病的孩子們。換句話說，正因為有一起度過歲月的飼主，這些兔子才能順利進入老年期。

兔子和人類相同，隨著年齡的增長，身體各處會出現不適的症狀。這是只要活得久，無論是誰都會出現的自然現象，和飼養方式無關。因此，當兔子上了年紀，開始時常生病時，請不要責備自己。

生病了也不要慌張

要讓兔子維持幸福的生活，除了管理好兔子的健康，也必須要具備應對疾病的能力。

隨著年紀愈來愈大，兔子不僅容易生病，還很難痊癒。有時也會遇到明明年輕時一、兩天就能治好，現在卻遲遲沒有好轉的情況。此外，甚至會同時患有多種慢性病。比起年輕時，定期健康檢查的次數也會比較多。

一般來說，兔子的醫療費會隨著年齡而增加，因此有些兔子到最後也不太常去醫院。建議從現

老公非常疼愛Meru，沒想到會把牠養到如此懶散！（東京都／O‧A）

生活的變化 疾病二三事

都不吃零食……
難道是毛球症……
畢竟我沒有幫牠梳毛
已經飽了……
蹲在沙發下
咦？怎麼會
有一個大腫塊……
震驚……!?
哇啊啊
嗯？
只是單純的痣……
小如的眼睛
變成白色的……
揉眼
幹嘛？
是白內障……
因為出現血尿，
第一次來照X光。
也沒有做過手術……
腫脹起來了
咦—
慢慢地了解
各種不同的疾病。

在開始儲蓄兔子專用的金錢，這麼一來，當兔子生病時，就不用擔心費用，可以放心地接受治療。

在第2章中，彙整了家庭可以每天進行的健康檢查，以及兔子在上了年紀後容易出現的身體問題。只要先了解這些疾病，在兔子生病時就能不慌不忙地解決。

Whip
8歲

我家的孩子常常覺得自己是人類（笑）
（茨城縣／I・M）

將健康檢查納入日常生活中

觀察兔子的身體情況，每天進行健康檢查

兔子上了年紀後，每3個月到半年要做醫院定期檢查一次，同時也希望飼主每天替兔子進行健康檢查，並養成習慣，將此做為日常的一部分。只要能夠做到這點，飼主也就能比較放心。

最了解兔子平時的行為模式、舉止態度、個性、外觀及觸感的人是飼主。因此，只有飼主才有辦法察覺到的細微不協調感，或是只有飼主才能注意到的疾病並不少見。建議飼主持續觀察令人在意的地方，或前往動物醫院諮詢。

每週、每月的健康檢查有助於發現疾病

建議將測量體重列入健康檢查的項目中。每週量一次，就能掌握突發性的變化，飼主也能比較放心。

兔子的肌肉和脂肪量會隨著年齡的增長而減少，因此，即便身體健康，體重還是會逐漸下降。但如果是體重突然發生變化，就有可能是身體出了什麼問題。這時飼主可以每天替兔子測量體重，確定是否為暫時性的變化。

此外，每隔1個月到半年用手機等工具拍攝記錄，利用前後比較的方式，有助於發現不明顯的變化。

每日的健康檢查

確認大小便

確認糞便是否變形、有沒有軟便、糞便量是否減少以及大小如何。小便則是檢查尿液量和顏色。

確認臀部周圍

先檢查是否沾到糞便、尿液或帶有軟便。臀部周圍的確認法詳見P122。

確認身體

撫摸或是按摩時，確認是否有哪個部位摸起來和平時不同。詳細可參照下頁。

確認食慾

在餵食顆粒飼料或牧草時，要先觀察飲食方式和平時有沒有什麼不同，同時也要確認是否有沒吃完的情況。

每月確認一次

照片記錄

先決定固定日期，例如月初等，定期替兔子拍攝照片。比對新、舊照片，查看是否有哪裡不同。

拍攝重點

- 牙齒
- 臀部周圍
- 眼睛
- 後腳內側

使用自拍棒就能輕鬆地近距離拍攝仰角的角度。

每週確認一次

測量體重

確認是否有突然增減的情況。懷疑體重出現變化時，請改為每天進行測量。

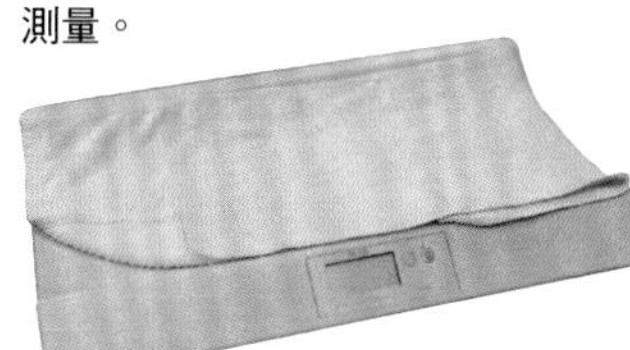

也可以選用方便將兔子平放的嬰兒體重計。

每日的身體檢查

—臉部—

耳朵

檢查皮膚問題及耳垢。觀察兔子的抓癢情況是否比平時還要頻繁，以及確認是否有紅腫、掉毛或散發異味的情況。

眼睛

查看有沒有眼屎或眼淚，以及眼球是否混濁失去光澤。總是在流淚的話，要確認是否為發炎。

鼻子

確認是否有鼻水或傷口。有時乍看下是乾淨的，但在兔子頻繁地用前腳擦拭後，鼻水可能會繼續流出來。

眼睛周圍

檢查毛髮是否結塊成條狀，以及有沒有發紅或掉毛的現象。此外，也要查看是否有眼屎。

嘴角

檢查是否有口水、髒汙或口臭。也要確認是否有發出咬牙聲。

牙齒

若是白色或帶點黃色即表示正常。留意是否呈現深黃色或只有一部分的顏色不一樣。

食慾

確認兔子的食慾。餵食時，要觀察兔子吃飯的情況以及食物有沒有吃完。

呼吸

確認呼吸是否變得粗重。如果胸、腹隨著呼吸大幅起伏或經常打噴嚏，就要多加留意。

—全身—

- □頻繁地舔舐或是只用後腳搔癢
- □比平常還要喜歡被人觸摸
- □一直將身體縮成一團一動也不動

毛髮的狀態

確認毛髮是否有打結起毛球或褪色的情況。如果突然出現變化，很可能是藏有疾病。

臀部周圍

上了年紀後，這個部位很容易會沾黏糞便或尿液。一般都會忽略這裡，所以檢查時要特別確認。

足部

前腳不乾淨的話，很可能會導致流鼻水。確認後腳是否沾黏糞便或尿液，並清理乾淨。

—確認糞便—

如果糞便大小突然變小或是沾黏在毛髮上，就要檢查是不是軟便。不用特別清點糞便的數量，但要把握大概的總量。此外，也要觀察尿液量和顏色。建議在固定的時間檢查。

老年兔最常出現胃腸道停滯等消化系統的疾病

腸胃機能容易下降，要留意胃腸道停滯

胃腸道停滯是指「腸胃處於機能衰退或停止的狀態」，為老年兔常見的疾病。

相較其他動物，兔子天生就是消化器官容易出問題的體質。尤其是在上了年紀後，因為腸胃機能衰退，抗壓性下降，更容易形成胃腸道停滯。其中當然也有兔子一生都沒有出現過胃腸道停滯的問題。不過以防萬一，飼主還是要每天檢查兔子的糞便狀態，以及是否有精神。

食用幫助腸胃蠕動的食物，預防消化系統的問題

為了預防胃腸道停滯，餵食牧草等高纖維的食物，有助於改善腸道環境。同時也要選用含有豐富纖維質的顆粒飼料。此外，乳酸菌和納豆菌等營養補充品也有一定的效果。對於不太攝取水分的兔子，可以利用蔬菜來補充水分，讓腸道保持溼潤。

牧草是預防胃腸道停滯不可或缺的食材。請選用能讓兔子吃得津津有味的牧草。

請留意這些症狀

糞便狀態不正常

出現糞便變形、糞便量減少及沾黏在毛髮上等症狀。也可能會有軟便或臀部周圍有汙漬的情況。

沒有食慾

兔子在消化系統出現問題時，食慾會下降。如果消化道停止運作，就會危及到生命，因此送醫的速度要比年輕時還要快。

一直縮成一團不動

腸胃因為胃腸道停滯而脹氣時，兔子會因為腹部疼痛一直縮成一團。就算撫摸牠們，依然會縮著不動或表現出厭煩的情緒。

column

老年兔的糞便

兔子隨著年齡的增長，往往會因為全身的神經難以正常運作、腸道機能衰退以及腸胃整體無法平衡運作，導致糞便的大小和形狀變得不規則。其中也有軟便變多的兔子。若兔子的糞便狀態在上了年紀後較為不穩定，有些飼主可能會因此覺得難以判斷兔子的健康情況。遇到這種情況時，其實只要和前一天的糞便進行比較，就能輕鬆確認是否出現異樣。

利用體檢、治療和家庭護理預防&輔助眼睛疾病

在尚未察覺前，很容易就會惡化的眼睛疾病

兔子的抵抗力會隨著年紀的增加而下降。為了維持生命，身體會優先將營養送往心臟、肝臟等臟器。相較之下，像眼睛和皮膚等不會危及性命的器官很容易就會出問題。對兔子來說，一隻眼睛視力下降時，可以用另一眼來輔助，而且牠們會習慣忍受小疼痛，導致飼主難以察覺。

眼睛的疾病持續惡化後，兔子可能會因此失明。因此，建議飼主將眼睛檢查納入定期健診中，以維持兔子的眼睛機能。

配合疾病和症狀來準備家庭護理

在兔子的視力因為疾病弱化後，可以減少住處的高低差或將地板換成防滑材質，以方便兔子活動。飼主也能比較放心。

此外，兔子的眼睛若因為眼淚受到汙染，很容易就會發炎，所以飼主也必須替兔子清洗並保持眼部的清潔。瞼板腺阻塞時，可用浸泡42～43℃溫水的毛巾熱敷1分鐘，讓阻塞物變小。

眼睛的主要疾病

鼻淚管阻塞

因為眼淚從眼睛流到鼻子，而導致的鼻淚管阻塞。症狀輕微的話，可利用清洗液沖洗鼻淚管來治療。

白內障

眼睛的水晶體呈現白色混濁的疾病。當疾病發展到一定程度後，基本上無法恢復健康。要盡早治療，以阻止病情惡化。

瞼板腺阻塞

瞼板腺是分泌出淚液中油脂的腺體。油脂如果阻塞的話，會在眼瞼的邊緣或內側形成白色小顆粒。

角膜潰瘍

眼球表面的角膜形成潰瘍後，會出現眼屎、紅腫等症狀。持續惡化後，角膜可能會出現破洞。

請留意這些症狀

眼瞼的邊緣或內側形成白色小顆粒

瞼板腺內油脂阻塞或疹子的一種。可能會有搔癢感。

眼睛充血

眼睛受傷可能會導致發炎。有時還會出現過敏的症狀。

眼球白色混濁

水晶體和角膜受傷時，眼球會逐漸呈現白色混濁貌。

眼屎變多

可能是眼睛或鼻淚管等部位出現發炎、過敏等症狀所導致。

總是閉著眼睛

可能是因為疼痛導致眼睛張不開，而不是在睡覺。

不斷流淚

眼淚沾到睫毛根部或眼睛周圍，可能會導致毛髮結塊或是呈條狀。

也要考量手術風險，腫瘤和膿腫的治療

腫瘤的發生率逐年上升

年紀愈大兔子長腫瘤的機會就會愈高。雄性中較常見的是睪丸腫瘤，雌性則是子宮腫瘤。若兔子尚未接受避孕、結紮手術，那不管兔子幾歲，都應該找醫院諮詢、討論。此外，皮膚和骨骼長腫瘤的機率也會逐年增加。

發現兔子長腫瘤時，有些人會質疑是不是自己的照顧方式出問題。其實腫瘤和飼養方式無關，只是偶然發生的疾病，而且腫瘤初期也不會有疼痛感，所以飼主經常會不小心忽略。因此，不必感到自責，一起想想有什麼治療方式比較適合自家的兔子吧！

猶豫要不要動手術時，可以諮詢多位專家

腫瘤可以藉由手術切除的方式來治療。但兔子在上了年紀後，麻醉的風險會比年輕時還要高，所以有些飼主會猶豫要不要幫兔子動手術。

一般年齡在7～8歲左右的兔子，大多都會接受腫瘤切除手術。此外，有些年滿12～13歲的超高齡兔子，如果毛髮有光澤又能自己健康活動，也會選擇接受手術。

若決定不動手術，那就要隨時

兔子長腫瘤時請不要自責。也有適合老年兔的治療方式。

觀察兔子的病情。儘管初期的腫瘤並不會有疼痛的感覺，不過根據腫瘤形成的部位，最終可能會出現發炎、骨骼受損或是神經受到壓迫的情況。

對於是否要動手術感到遲疑的話，可以到其他動物醫院徵詢第二位、第三位醫生的意見，並在聽取多位醫生的意見後，選擇自己能夠接受的醫療方式。

飛節炎和褥瘡惡化後會形成膿腫

膿腫是像腫瘤一樣形成腫塊的疾病之一，是一種在體內產生膿包的疾病。

老年兔身上的膿腫，大多是腳底的飛節炎惡化，引起細菌感染而造成的。因為臥床不起而形成的褥瘡，有時也會轉變為膿腫。建議將地板換成柔軟且有些微凹凸的材質，減輕腳掌承受體重時的負擔，並透過藥物或手術來進行治療。

此外，兔子的膿腫中較為人熟知的是出現在牙齒根部的牙根尖膿腫。不過這種疾病好發於5～8歲的兔子，年齡較大的兔子不太會出現這種症狀。可能是因為老年兔中大多是曾戰勝疾病，相對健康的孩子，牙齒的狀態普遍也比較穩定。

column

何謂腫瘤檢查

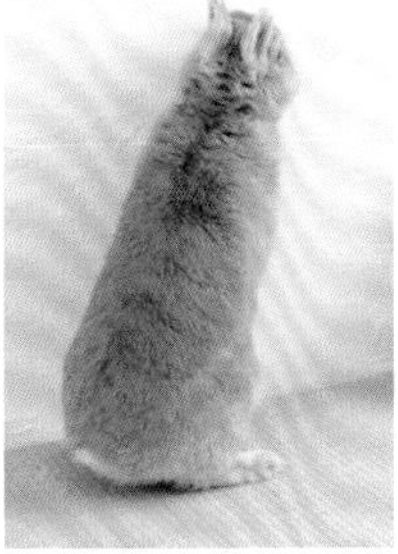

無論是腫瘤還是膿腫，幾乎都是在找到腫塊時發現的。從臉部到腳底，各種地方都有可能出現腫塊。其中有些腫塊是因為淋巴結腫大或脂肪而形成的。

腫塊要到醫院檢查才能得知其真面目。有些人一聽到要檢查就會開始擔心，但也有可能是不用切除的良性腫瘤，所以不必太過擔憂。檢查固然要花錢，但若是不知道病因，就沒辦法採取相應的措施，所以還是要盡可能地帶兔子到醫院接受檢查。

及早發現心臟病，抑制症狀的惡化

年紀愈大，愈容易罹患缺血性心臟病

缺血性心臟病在年輕兔子中並不常見，但隨著年齡的增長，發病率也會跟著上升。心臟是攸關性命的臟器，所以在心臟出問題時務必要及早發現，在惡化前服用藥物，有效控制病情的發展，兔子才能活得長長久久。

懷疑罹患心臟病時才進行心臟超音波檢查

缺血性心臟病是透過X光和超音波，檢查心臟實際的作用和大小等細節後，才能確認的疾病。

心臟超音波檢查是在醫護人員長時間將兔子固定不動的情況下進行的，所以兔子可能會感到極大的壓力，甚至會因為想掙脫而導致骨折。

雖說如此，心臟超音波也不是說做就能做的檢查。首先醫生會先檢查兔子的身體狀態，並根據需要拍攝X光。在判斷「可能患有缺血性心臟病」時才會進行心臟超音波檢查，例如出現心臟積水、心率過快等症狀。

心臟的主要疾病

瓣膜性心臟病

為了讓血液順利流通，心臟中有一種叫做瓣膜的開關。當瓣膜的機能下降，血流就會惡化。

心包囊積水

心臟與包覆心臟的薄膜間的心包液愈積愈多，慢慢地壓迫到心臟。

心臟肥大

心臟逐漸變大，導致呼吸道狹窄以及食慾下降。眼睛可能會因為高血壓而突出。

請留意這些症狀

眼球突出

心臟機能衰退或血流停滯等症狀會導致高血壓，眼球可能會因此受到壓迫而突出。

呼吸困難，吁吁地喘

心臟肥大會壓迫到肺臟，進而導致呼吸困難。有時兔子會因此在呼吸時發出吁吁聲。

呼吸困難，食慾下降

因為心臟變大壓迫到肺臟，導致呼吸困難。身體狀況不好外，加上吃飯時難以呼吸，食慾也就會因此下降。

心跳過快

心臟如果無法順利運作，血液也就沒辦法順暢流動。為了將血液送往全身，即使一動也不動，心臟也會加快跳動速度。

總是昏昏沉沉地在睡覺

隨著缺血性心臟病的病情發展，心臟的負荷會愈來愈大。兔子因此容易感到疲憊，進而會昏昏沉沉地睡著。

從涕溢症開始的呼吸器官問題

容易打噴嚏和流鼻水

老年兔經常會出現打噴嚏或流鼻水的「涕溢症」症狀。涕溢症是呼吸系統常見的疾病。

兔子在上了年紀後，免疫力會隨之下降，就連輕微的發炎都難以痊癒。甚至只是吸入一點牧草粉就有可能導致發炎。

年輕時得到涕溢症，很快就會痊癒，但當兔子的年紀愈大，飼主就愈要留心病況。

及早治療，防範全身疾病

兔子身上一般都帶有一種叫做巴斯德氏菌的細菌，在抵抗力隨著年紀增長而降低時，很容易就會感染巴斯德桿菌症。一開始只會出現涕溢症的症狀，但如果病情惡化，可能會連帶引起肺炎或導致呼吸困難。因此，在發現鼻水變成黏稠的鼻涕時，請立即帶兔子前往醫院就醫。

此外，有時鼻水周圍看起來乾爽沒問題，是因為兔子用前腳擦拭的關係。因此，飼主要每天確認前腳是否沾有鼻水。

通風良好、環境衛生，有助於預防涕溢症。因此，請將住處環境整理好，讓兔子可以舒服地深呼吸。

請留意這些症狀

多次洗臉

流了很多鼻水時，兔子會三番五次地洗臉。

打噴嚏

反覆一直打噴嚏。

一直流淚

不斷流鼻水會造成鼻淚管阻塞，進而導致眼睛容易流淚。

流鼻水

一開始只是鼻水，惡化後會變成黏稠的鼻涕。

前腳被鼻水弄髒

流鼻水時，兔子會用前腳去擦，所以前腳會愈來愈髒。

column

也要考慮復發的可能

巴斯德桿菌症主要是透過服用殺死病菌的抗生素來治療。但即使症狀好轉，細菌也不會完全消失，所以在兔子感到壓力大或是抵抗力下降時，就有可能再次復發。當然也有治療一次後，就一直維持著健康狀態的長壽兔子，但先做好預防復發的措施，總歸還是比較放心。因此，請為兔子提供一個可以悠閒生活的乾淨環境，並給予牠們能攝取到均衡營養的食物吧！

利用血液檢查及早發現容易忽略的腎功能衰竭

注意到的時候已經罹患腎功能衰竭

腎臟是將老廢物質排出體外、調節體內水分以及分泌荷爾蒙的臟器。

兔子的身體對腎臟的負擔會隨著年齡的增長愈來愈大，以致於有些兔子會罹患腎功能衰竭。

剛罹患腎功能衰竭時，兔子的身體依然很健康，不會出現異樣。但隨著病情的發展，會開始出現尿液量增多或減少、腹瀉、浮腫、心臟病及尿毒症等症狀。

腎功能衰竭是無法痊癒的疾病，但可以藉由治療來抑制病情惡化。建議定期帶兔子到醫院檢查，在病情惡化前及時治療。

定期血液檢查，早期發現、早期治療

腎功能衰竭的症狀大部分都和其他疾病重疊，例如沒有食慾、身體消瘦及沒有精神等。要接受血液檢查才能確定是否為腎功能衰竭。因此，在兔子開始有老化的現象後，飼主應每隔3個月到半年帶兔子前往醫院接受血液檢查，以便及早發現疾病。

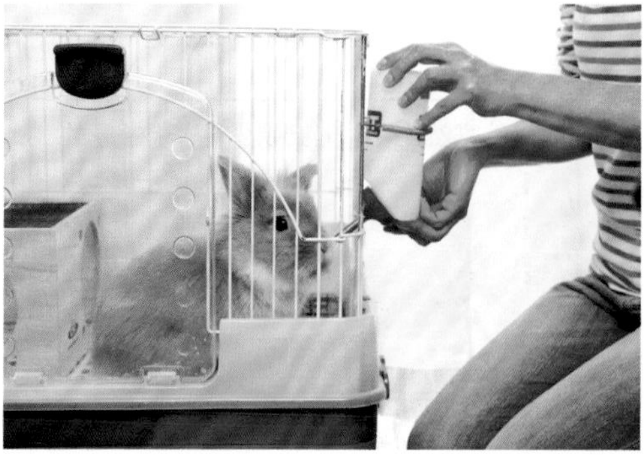

確認兔子的尿液量和攝取的水分量，是飼主每日必做的功課。

請留意這些症狀

想要攝取大量水分

因為排出大量尿液，身體水分不足，容易覺得口渴，導致兔子對飲水的需求量大增。

食慾不振

罹患腎功能衰竭後，老廢物質無法經由尿液排出體外，導致身體狀況惡化、食慾不振，身形逐漸消瘦。

腹瀉

在身體不適的狀態下大量飲水，連帶消化器官也受到影響，因而經常出現腹瀉的情況。

尿液量增加

因為老廢物質難以從尿液排出體外，因此以增加尿液量的方式來排出積蓄在體內的老廢物質。

column

也要留意肝功能衰竭

肝功能衰竭雖然比腎功能衰竭少見，但罹患的機率依然會隨著年齡上升。肝臟是涵蓋分泌膽汁、控制營養素和賀爾蒙，以及涉及免疫等多種功能的重要臟器。罹患初期幾乎沒有症狀，但隨著病情的發展，會感到非常痛苦。因此，請在病情惡化前，於定期的血液檢查和健康檢查時，確認腎功能和肝功能是否出現問題。

不要忽視關節和腰部的疼痛，提高健康程度

兔子不再活力滿滿地玩樂時，可拍攝X光

兔子與人類一樣，身體柔軟度會逐年降低，進而導致關節和腰部等部位容易出現損傷。隨著年齡漸長，有些兔子會出現睡眠時間拉長和翻身次數減少的現象，但這不僅僅是因為上了年紀，也有可能是關節和腰部出現問題，導致兔子不願動彈。

腰部和關節問題，可以透過拍攝X光片了解原因。因此，若兔子上了解年紀後變得不想活動，最好還是帶去醫院照X光。

踢得太用力，腰部和關節可能會受傷

兔子只要用力一踢，就有可能會傷害到腰部和關節。尤其是在慌亂的狀態下強行活動時更會如此。因此，在餵藥或抱著的時候，要確實固定好兔子。

摔倒或滑倒等不自然的姿勢，也會對腰部和關節造成負擔。建議將地板換成防滑、容易活動的材質。此外，也建議讓兔子適度運動，以維持肌力。

column

預防問題和家庭護理

兔子上了年紀後，肌力自然就會下降。為了盡可能維持肌力，請確保房內散步的時間，並調整成便於運動的環境。

兔子的關節或腰部受傷時，用溫暖的手輕輕地撫摸，有助於讓兔子平靜下來。只要輕輕撫摸即可，不要用力按壓。也可以將微波加熱1～1分半鐘的溼毛巾放入塑膠袋中後，熱敷患處。

請留意這些症狀

走路緩慢

兔子在足部或腰部感到疼痛時，為了盡可能減緩疼痛，走動時會顯得很小心謹慎，導致走路變得很緩慢。

身體前傾

頸部或脊椎等部位感到疼痛時，兔子為了掩蓋疼痛的地方，會將施力點放在前腳，導致身體容易往前傾。

動作遲緩

可能是因為腰部或關節疼痛導致不想動、關節僵硬很難活動，或是肌力下降造成速度降低等原因。

吃飯以外的時間一動也不動

活動身體時關節或脊椎如果會感到疼痛，兔子就會盡可能減少活動量。所以有些兔子會出現吃飯以外的時間都在睡覺的情況。

不再食糞和梳理毛髮

有時腰部和關節疼痛，也會導致兔子不再食糞和梳理毛髮。因此，請確認自家的兔子是否會吃盲腸便、毛髮是否有光澤。

腳掌疼痛時，要及早採取飛節痛對策

只有脫毛和泛紅的話不是飛節痛

後腳掌是很容易就會注意到的部位，所以飼主一般都會比較在意。其實上了年紀後，即使是健康的兔子，腳掌也會經常出現脫毛或泛紅的情況。因此，只是稍微泛紅，而且摸起來不會痛的話，就表示正常、沒問題。

值得開心的是，因為動物醫療的進步，以及對腳部負擔較小的飼養方式廣泛普及，兔子罹患飛節痛的機率逐年降低。即便如此，老年兔依然會比年輕時還要容易出現飛節痛的症狀。因此，飼主平常就應多加留意兔子腳掌的狀態。

即便是老年兔，輕度症狀也只要2～4週就能痊癒

造成飛節痛的原因之一是「不再運動，身體重心放在腳後跟」。對老年兔來說，這個症狀往往會引起變形性脊椎症。變形性脊椎症是一種骨頭之間的間距縮小，脊椎的一部分出現變形，且罹患機率會隨著兔子年齡而增長的疾病。有些兔子還會因此改變身體

column

營造對腳掌友善的住家環境

為了預防飛節痛，必須重新審視住處環境的衛生，以及底網材質是否適合兔子的腳掌。使用草墊或布製防水墊等緩衝性佳、表面性凹凸不平的材質來鋪設底網，可減輕兔子腳底的壓力。且要隨時替換髒汙的墊子，以保持腳底的清潔。

此外，指甲過長也會導致重心偏移，所以飼主也要多加留意兔子的指甲長度。

重心，將重量放在腳跟上。

此外，變形性脊椎症會讓兔子的身體難以彎曲，導致牠們沒辦法輕鬆食糞和梳理毛髮。如果讓腳掌一直處於髒汙的狀態，擦傷就會引起細菌感染，進而導致飛節痛。輕度的飛節痛大多2～4週就會痊癒，只要盡早進行治療就不會有太大的問題。

也有天生容易罹患飛節痛的兔子

有些兔子的品種和體格天生就容易罹患飛節痛。例如毛髮纖細，腳掌毛髮稀疏的迷你雷克斯兔和雷克斯兔、體重超過5kg的大型兔，以及腳掌附近的毛被剪掉的安哥拉兔。

請留意這些症狀

腳掌不乾淨

兔子減少梳理毛髮的次數或是經常踩到盲腸便時，腳掌會沾到糞便或尿液，可能會因為細菌經由小傷口侵入而引起發炎。

腳掌泛紅，觸碰會痛

腳掌如果只是脫毛或泛紅是沒問題的。但如果觸摸時會痛，就表示可能是飛節痛引起的發炎。

不想動

罹患飛節痛時，腳掌會發炎，導致兔子痛到不想移動。有些兔子甚至會用腳尖來移動。病情若持續惡化，傷口可能會細菌感染，或連關節都跟著發炎。

雖然無法診斷，也有罹患失智症的可能性

常見於老年兔，類似失智症的症狀

有些兔子在上了年紀後，儘管身體很健康，但飼主和獸醫卻發現牠們出現不太正常的行為舉止。

人類的失智症會因為大腦功能下降，導致記憶和判斷能力等出現障礙。動物的失智症尚未有明確的定義，但如果將相同的症狀視為「失智症」，那動物也有罹患失智症的可能性。

罹患失智症後，並不是暫時性的記憶模糊，而是逐漸遺忘。如果發現兔子經常做出異於往日的行為，例如明明叫了名字，依然一動也不動，或是對親近的人毫無反應等，那就有可能是罹患了失智症。

先確認健康狀況

這裡希望飼主留意的是：「要先確認兔子的健康狀態，不要擅自認為是失智症」。因為兔子有可能是因為生病才改變行為，或是耳朵和眼睛不好才會沒反應。

也有罹患失智症後，兔子容易焦躁不安的說法。因此，假如兔子的身體沒有出問題，但卻還是持續做出不正常的行為，建議飼主讓牠們放鬆地生活即可。

無論是兔子還是人類，都會因為上了年紀出現各種問題。

失智症可能會引起的情況

忘記便盆在哪裡

忘記廁所的位置，有時會到處徘徊後，直接在原地小便。

忘記已經吃過飯，一直在要食物

不久前才剛吃過飯，卻又反覆討飯或是像餓昏了一樣狼吞虎嚥。

漫無目的地走來走去

有時從籠子裡出來後，會毫無目的的在同一個地方徘徊。

鑽入狹窄的地方

有時會鑽入縫隙中，導致沒辦法後退或無法動彈。

表情不太會有變化

出現叫了也沒反應、缺乏臉部表情等改變。

突然生氣

出現突然瘋狂跺腳、煩躁地啃咬或扔盤子等行為。

具有攻擊性

會追咬飼主。

一副不安的樣子

因為其他聲響或動靜而嚇了一跳，以及剛從籠子裡出來，就想要馬上縮回去或是躲起來。

凝視著遠方

有時會盯著空中一動也不動。

一直在睡覺

睡覺的時間愈來愈長，醒來後也一副昏昏欲睡的樣子。

牙齒、耳朵和皮膚的問題同樣不能忽視

必須留意的老年疾病

兔子與人類相同，也是年紀愈大就愈容易罹患各種疾病。除了第一次遇到的疾病之外，從年輕時就容易得到的疾病也有可能反覆復發。

舉例來說，原本就有咬合不正的問題，或是有咬合不正傾向的兔子，情況可能會隨著年紀的增加而惡化。不過牙齒的生長速度也會跟著愈來愈緩慢，所以遇到需要剪牙的時機也會愈來愈少。

有些皮膚問題在兔子上了年紀後，出現頻率也會增加。例如，咬合不正流口水、眼淚流個不停，以及臀部和腳掌總是被尿液沾溼等，都會成為細菌繁殖的溫床，導致皮膚發炎或罹患溼性皮膚炎。而且經常會在長臥不起的兔子身上發現褥瘡。

除此之外，兔子的聽力也會隨著年紀愈來愈差。如果多次叫喚都沒有反應，但被觸摸時卻受到驚嚇，就有可能是聽力下降。因此，建議飼主盡量從正面叫喚或觸碰兔子，避免驚動牠們。

皮膚問題

溼性皮膚炎

原本就是一種皮膚愈不乾淨，罹患機率愈高的疾病。建議將地板換成不容易被尿液弄髒的材質，並保持兔子皮膚的乾淨，以控制病情。

褥瘡

長期臥床不起導致身體髒汙，或是經常由相同的地方承受身體的重量，就有可能會長褥瘡。可以試著清潔兔子的身體，變換牠們的睡姿，或是鋪上墊子、緩衝墊。

耳朵問題

外耳炎、中耳炎、內耳炎

罹患外耳炎時，耳朵會反覆感到刺癢，而且裡面會泛紅及散發出異味。外耳炎可能還會引起中耳炎和內耳炎。

耳垢阻塞

兔子梳理毛髮的次數隨著年紀的逐漸減少時，耳朵裡會愈來愈容易堆積汙垢，其中以垂耳兔的情況最為嚴重。因此，飼主應該要帶兔子到動物醫院進行護理。

牙齒的問題

牙齒脫落

牙齒可能會因為牙根尖膿腫（牙根或其周邊出現膿腫）等症狀而脫落。有時也會出現因為從小剪牙，對牙根造成負擔導致牙齒脫落的情況。

牙齒變色

牙齒老化時會稍微偏黃，但如果出現牙齒神經受損等非正常情況時，牙齒會呈現明顯的黃色。

咬合不正

飲食以顆粒飼料為主時，兔子不是以磨碎的方式來咀嚼，而是直接咬碎後食用，因此容易導致咬合不正。為了預防此種情況，飼主應該留意讓兔子以牧草作為主食。

老年兔的疾病問題Q & A

Q

最近兔子經常生病，
是不是因為我有哪裡沒照顧好呢？

A

兔子生病的理由百百種。諸如身體強壯的話，就比較不容易生病；抗壓性低則可能會導致生病等。因此，只要確保有按照一般的方式照顧，就不用太過於擔心。

Q

身體明明很健康卻不吃牧草，
讓人很擔心……

A

除了身體不適以及牙齒出問題外，也有可能是因為對食物的喜好改變，導致兔子不願意再吃以前吃的牧草。如果連醫院也找不到問題，可嘗試各種不同的牧草，從中找出兔子喜歡吃的口味。

Q

尋求第二意見
不會惹怒常去的醫院嗎？

A

第二意見是指，為了選擇出可以接受的治療方式，向家庭醫生以外的人尋求的意見。平時熟悉的醫生並不會因此指責飼主，所以不必擔心。可以的話，請熟悉的醫生幫忙寫介紹信會比較好。

Q

兔子的視力下降後還能痊癒嗎？

A

視力一旦下降，基本上是沒辦法恢復的。因此，務必控制好眼睛疾病的病情，配合疾病吃藥，以維持目前的視力。

Q

體重愈來愈輕，是生病了嗎？

A

如果體重在短時間內減少或增加，那就有可能是生病造成的。不過，老年兔的肌肉量會隨著年紀減少，所以一般體重逐漸降低是屬於正常的情況。因此，請每週固定替兔子測量1次體重，以確認是否為突發性的變化。

Q

血液檢查可以了解哪些部分？

A

透過血液檢查，可以得知從外表看不出來的內臟、營養及血液等狀態。也有一些疾病必須藉由血液檢查才有辦法診斷出來，例如缺血性心臟病、腎功能衰竭等。因此，盡可能定期帶兔子到醫院接受檢查，這樣飼主也就能比較放心。

掌握餵藥的訣竅，盡量減少兔子的壓力

守護兔子的身體，安全地用藥

動物醫院開給兔子的藥物，分成若干種類和用藥方法。例如口服藥粉和藥水、滴在眼睛的眼藥水、滴入鼻子的點鼻藥，以及塗在皮膚的塗抹藥物等。

在用藥時，飼主必須留意不要讓兔子受傷。兔子的骨骼天生就比較輕盈、脆弱，而且隨著年齡的增長，會更加地不堪一擊。因此，在用藥的過程中，若是強行壓制牠們亂動的身體，就有可能造成骨折或脫臼。

兔子無法老實地讓人幫牠用藥，或飼主不習慣幫兔子用藥時，建議兩人分工，一個抱著兔子，一個負責用藥。如果遇到兔子掙扎亂動，可以用浴巾等較大的布包裹兔子的全身，既可以使其無法動彈，又不會傷害到牠的身體。此外，坐在地板或較低的椅子上幫兔子用藥的話，兔子即使逃走也不會不慎受傷。

剛開始可能還不習慣幫兔子用藥，只要在累積經驗的過程中掌握訣竅，之後就能逐漸上手。

最好的方式是讓兔子願意自己喝藥。只要在兔子年輕時讓他習慣針筒，兔子就不會因此感到困惑。

在家用藥

混合兔子喜歡的食物

餵藥時可以夾帶或混合兔子喜歡的食物或飲料。但有時也會遇到兔子發現不對勁，拒絕吃下肚的情況。結束後，要檢查兔子是否有吃乾淨。

利用針筒餵藥

以針筒吸取藥水（藥粉要先以水溶解），從門牙的斜前方插入，並按照兔子的飲食速度慢慢注入。

以大塊的布包起來

若兔子沒辦法安分待在原處，可以用浴巾等大塊的布將兔子的全身包起來，使其無法動彈，這樣就不用擔心兔子會掙扎亂動。將包裹好的兔子輕輕地夾在雙腿之間，如此就能空出雙手。

點眼藥水

在兔子伸長或蜷縮身體時，輕輕支撐牠們的身體，將眼皮往上拉後滴入眼藥水。眼藥水要從兔子較難看清的那側靠近。

column

如何堅持持續用藥

對飼主來說，每天持續幫兔子用藥並不是一件輕鬆簡單的事。例如忙碌的時候可能會忘記，或是抽不出時間餵藥。遇到這種情況時，若有一起生活的家人，務必請他們幫忙餵藥。也可以使用手機或網路行事曆等的鬧鐘提醒功能，避免錯過用藥時間。此外，最好先向動物醫院詢問清楚用藥的時間間隔，以防太晚幫兔子用藥。

兔子讀物

自己的老年規畫

大野瑞繪

許多飼主都不願意面對，自己的年齡也會和兔子一起逐漸增長的這一事實。即使以年齡來說還不能稱為「年老」，但身體還是會因為年紀，容易感到不適或是生病。

在這種情況下，可能會覺得照顧兔子很吃力也說不定。如果心情也因此跟著感到低落的話，反而會讓兔子為飼主擔心。而且飼主若是太過勉強自己，導致臥病在床，那就太得不償失了。

兔子的生活全仰賴飼主，所以飼主也要注意自己的健康，不要抱有「只要是為了兔子，自己的健康擺在第二位也沒關係」的想法。

飼主也要考慮到自己可能會因為突然住院等意外情況，沒辦法隨時照顧兔子。建議事先確保可以寄養兔子的地方，以防突然遇到什麼不測。也可以先將兔子的資料記錄在筆記本，例如製作飼養紀錄等。這麼一來，臨時要將兔子託付給他人時，就能派上用場。

最後稍微介紹一下，因為犬貓飼主的高齡化而備受關注的「寵物信託」。所謂的寵物信託是，指定一位願意幫忙飼養寵物的對象為受託人，在自己因為死亡，無法再繼續照顧寵物時，將信託財產，也就是寵物的終生飼養費用託付給受託人。與設立遺囑的情況不同，寵物信託中會安排信託管理人，負責確認受託人有沒有確實地在飼養寵物。

CHAPTER

3

傳達感謝之意「兔子的感謝狀」

貼近人心的感謝狀之力

採訪對象／**兵藤哲夫醫生**

兵藤哲夫醫生
兵藤動物醫院前院長。在著作《動物病院119番》（文春新書）中首次提及「給動物的感謝狀」。現作為HYODO ANIMAL CARE的代表，為了人類與動物的共生和福祉而努力中。

兔子是療癒人心的大自然的一部分

到目前為止，我從各種診察過的、一起生活過的動物身上學到了很多東西。包含兔子在內的動物皆是大自然的一部分，並不屬於人類社會。所以只要面對動物，任何人都可以擺脫平時的頭銜和名聲。例如，天真單純地和動物玩樂亦或是安靜地與動物互動。

在動物的面前，每個人都可以回歸自我，不用像在人類社會一樣，必須擺出姿態或是佯裝成其他的樣子。

接受兔子年老的契機

無論是我們還是兔子，總有一天都得面臨生命的終點。這是任何人都無法違背的自然法則。就算每天都活得很健康，身體依然會衰老，並在未來的某天迎來最後的時刻。

兔子不會去考慮明天的事情，所以即使上了年紀，牠們依舊淡然地度過每一天。但在飼主中，也許會有人光想到臨近離別的日子，便無法接受兔子的衰老。

感謝狀則可以幫助緩解這種情緒。將迄今為止的回憶和心情寫成文字，心情自然而然地就會轉變為「長久以來的感謝」。這麼一來，就能成為飼主接受兔子衰老的契機。

以感謝狀的方式留存，無法替代的感情

我至今看過許多感謝狀。每張

書寫兔子感謝狀的方法

以下介紹就連不擅長寫文章的人，也能簡單書寫的方法。請按照以下的步驟，完成屬於你的感謝狀。

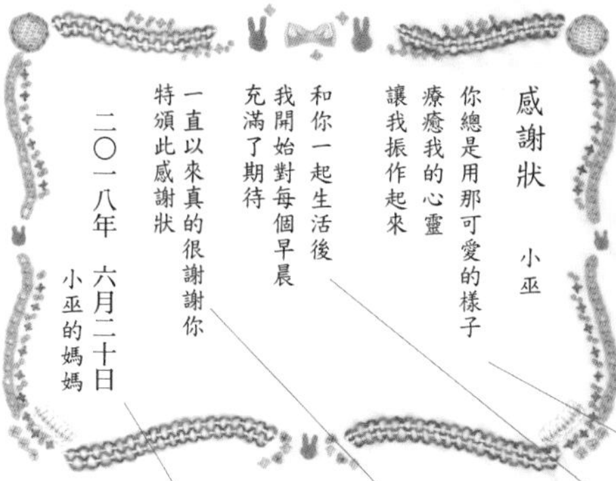
感謝狀
小巫
你總是用那可愛的樣子
療癒我的心靈
讓我振作起來
和你一起生活後
我開始對每個早晨
充滿了期待
一直以來真的很謝謝你
特頒此感謝狀
二〇一八年 六月二十日
小巫的媽媽

1 兔子
兔子現在（過去）如何？

2 你
因為兔子的關係，你得到什麼樣的幸福感？

3 感謝的內容
以「因此感謝〇〇」等句子作為結尾。

4 日期
可省略。但若是加上日期，就能清楚記錄這是什麼時候的回憶。

感謝狀都蘊含著飼主的愛意，讓人的內心感到溫暖，甚至忍不住哭泣。我認為，不只是飼主感謝兔子，在如此充滿愛的環境中生活的兔子也會對飼主和其家人懷有感激之情。

不只是飼主和兔子，感謝狀具有連閱讀的人都能產生共鳴的能力。

以言語的力量化解喪失寵物的悲傷

當一起生活的動物死亡時，有許多人會因此出現喪失寵物症候群的症狀。感謝狀有時也可以成為預防喪失寵物症候群的工具。因為透過反覆回想、書寫與兔子的回憶，除了悲傷的事情，還能想起曾經的喜悅和幸福。

建議可以連同感謝狀，向遠在他鄉的家人或親朋好友寄出訃告。透過兔子的訃告，跟家人或朋友聚在一起相互交流，痛苦的內心就會逐漸得到救贖。

乘載著因人而異的重要心情

畢竟每位飼主和兔子的生活、想法和喜悅都不盡相同，各有各的價值，因此每一張感謝狀都是獨一無二的。其中也有全家人一起書寫的感謝狀，像這樣一邊交談一邊寫感謝狀的過程，一定會成為團結全家人的美好經歷。

最後，我深切期望這本書會成為為誕生出新感謝狀的契機。

感謝狀的標準字數大約是150字。意外地，這個字數讓人輕易就能寫出自己的想法。

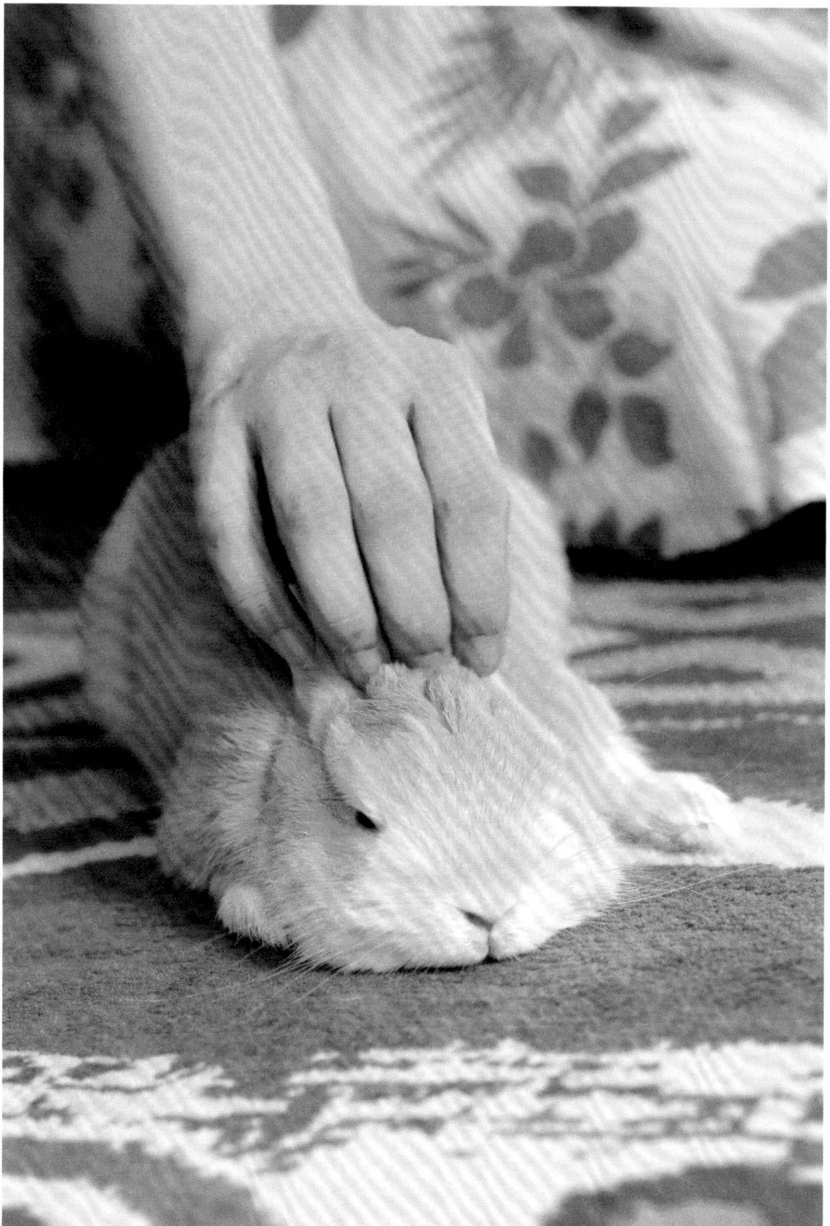

兔子感謝狀是充滿回憶和共鳴的寶藏

採訪對象／「うさぎのしっぽ」町田修先生

為了飼主而著手的「兔子感謝狀」

透過兵藤哲夫醫生的著書《動物病院119番》，我第一次得知什麼是感謝狀。在我的店裡經常會收到飼主通知「兔子去世」的消息，因此我深深地感受到飼主強烈的悲慟。在讀完兵藤醫生的著書時，我覺得感謝狀會成為避免陷入喪失寵物症候群的線索。因為如果在兔子生前就寫好感謝狀，不就可以想起快樂、幸福的回憶，進而在「兔子活著時準備好」離別嗎？——基於這樣的想法，我開始向大家推薦「兔子感謝狀」。

寫下真正的想法，成為一生的內心支柱

我也曾為自己的兔子寫過感謝狀。那張寫在報告用紙上的感謝狀是我的內心支柱之一，至今仍珍惜地存放在透明文件夾裡，偶爾拿出來反覆閱讀。

對兔子的思念會隨著時間而淡忘，但如果先以文字寫下來的話，就會成為永不抹滅的感情。而且還可以透過兔子回顧自己的人生和過去，並認為和兔子一起的生活「是一件好事」。

與兔子一起生活是非常幸福的經驗。但如果因為離別太過痛苦，拒絕接受「兔子總有一天會死去」的事實，就會連和兔子的生活都變成「難過的事情」，導致一輩子無法再與兔子相處。感謝狀可以幫助飼主接受兔子總有一天會走向死亡的事實，並做好再次和兔子一起生活的準備。

町田修先生
為兔子專賣店「うさぎのしっぽ」的代表。致力於提出各種讓飼主和兔子的生活更加舒適、快樂的方案。著有《新 うさぎの品種大図鑑》（誠文堂新光社）。

我認為，透過這種方式排解傷痛，並和兔子一起度過每一分每一刻，人生也會變得更美好、更有意義。

試著隨意地寫下腦海裡的想法

感謝狀不用寫得太長，最好是可以隨意寫下想到的內容，這樣更能傳達出真實的想法。

此外，不要只寫一次就結束，建議每逢兔子的生日或新年等節日時，都準備一張感謝狀。未來飼主可以透過每一張感謝狀，想起當時和兔子的生活和心情。也可以準備一本寫感謝狀的筆記本，以便於反覆閱讀。

閱讀、寫下感謝狀，擴大共鳴與感謝的循環

在「うさぎのしっぽ」每年秋天舉行的「兔子祭典」上，都會展示大家寄來的感謝狀。當大家閱讀這些展示的感謝狀時，我們就能從兔友那裡得到共鳴。而且閱讀者可以在這裡看到各個飼主的情感和生活，「兔子祭典」因而成為深受大家歡迎的展覽。

相信從本書收錄的感謝狀中，也能傳達出每位飼主不同的想法。希望這些感謝狀能成為飼主感謝兔子來到身邊，並懷著敬意對待牠們的契機。

兔子和夫婦堆砌出的10年

石塚雅人&真保

感謝狀　Sessesse

給我們小巧可愛
卻充滿態度和存在感的
心愛兔兔
「seshiseshi」（綽號）
跳跳跳♪　跳跳跳♪
謝謝你
願意和我們夫婦
共同合作一起努力
你津津有味地吃著紅蘿蔔
和跑步的姿態療癒著我們
最喜歡你了唷

二〇一三年　十一月二十三日
石塚雅人&真保

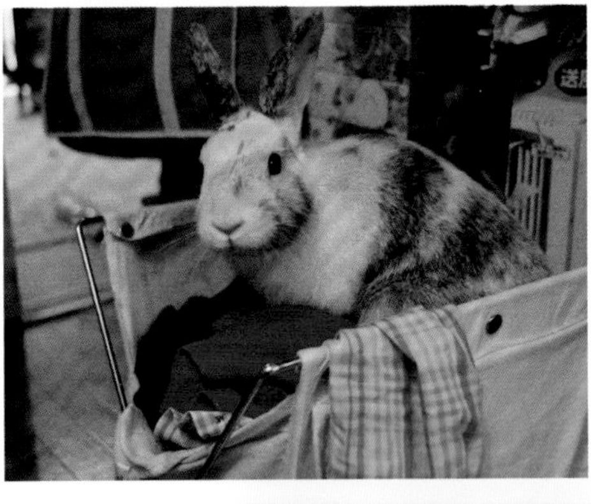

跳到洗衣籃上後一臉得意的樣子。就好像在說：「我來幫忙洗衣服啦！」

用紙箱做了祕密基地。真保表示：「一副了不起的樣子很可愛吧！」

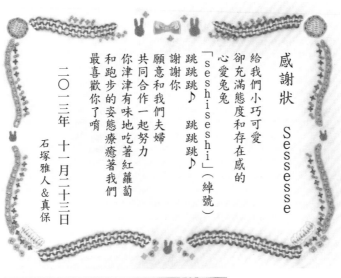

連兔子的名字都決定好了，滿心期待地迎接牠

我們夫婦倆在小時候都曾經與兔子生活過，一直希望總有一天可以再養兔子。所以當我們決定一起生活時，毫無懸念地，第一件事就是決定「養兔子」！

先生甚至已經決定要叫兔子「Sessesse（せっせっせ）」。似乎是因為小時候每次看到兔子用後腳站立，都想和牠一起玩「Sessesse※」的關係。

結婚10週年時，愛兔也滿10歲

婚後過了半年，終於在店面遇到Sessesse。因為在呼喊「Sessesse～」後，這孩子看著我們站起來，在這一刻我們知道就是牠了。

Sessesse是個讓人意外的兔子（好的方面）。例如我們在做什麼事時，牠會跳過來參加、惡作劇後會站起來露出囂張的表情，以及牠一拿到胡蘿蔔，就會咬著跑來跑去，到處炫耀完後才開始吃。

先生沒有送我訂婚戒指，但做為替代，我獲得一隻很棒的訂婚兔子。不久前，我們迎來結婚10週年，愛兔也滿10歲了。在這10年，Sessesse不斷帶給我們歡笑和感動。希望今後能繼續一起度過更多的時光。

※日本的一種遊戲。遊戲玩法為，兩個人面對面，反覆一邊唱歌一邊拍打對方的手掌。

最喜歡被摸摸頭！想要繼續被撫摸時，會用鼻頭頂我們的手掌。

＊P80～91標示的兔子年齡，皆是贈送感謝狀當下的年齡。

讓兒子成為溫柔孩子的撒嬌鬼

含羞草的媽媽

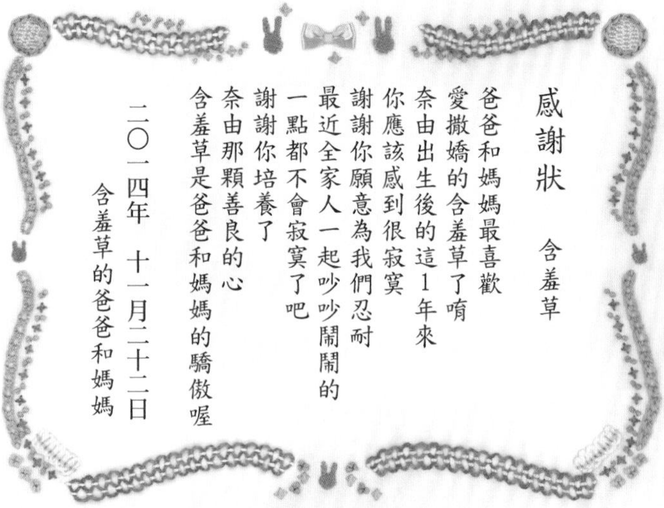
感謝狀

含羞草

爸爸和媽媽最喜歡
愛撒嬌的含羞草了唷
奈由出生後的這1年來
你應該感到很寂寞
謝謝你願意為我們忍耐
最近全家人一起吵吵鬧鬧的
一點都不會寂寞了吧
謝謝你培養了
奈由那顆善良的心
含羞草是爸爸和媽媽的驕傲喔

二〇一四年 十一月二十二日
含羞草的爸爸和媽媽

據說只要喊名字就會跳過來的含羞草。是一隻情感豐富、精神充沛的兔子。

含羞草與兒子第一次見面。兒子這時候才6個月大。

多虧了兔子，兒子的心靈也得到培育

從兒子出生到滿1歲前，考慮到嬰兒可能會出現過敏反應，所以只讓含羞草在兔子房散步。

每天晚上最喜歡的爸爸都會陪含羞草玩，但全家人和含羞草一起相處的時間卻減少了許多。儘管如此，含羞草非常堅強，依然保持著健康有精神的樣子。

當含羞草再次回到客廳進行房內散步後，幼小的兒子有時會用力抓牠。我再三叮囑兒子「要輕輕地喔」、「摸摸頭喔」。漸漸地，兒子學會撫摸含羞草，含羞草也開始會一臉開心地擺出讓他摸的姿勢。

現在兒子不只對兔子溫柔，對待朋友也很親切。真的很感謝含羞草，多虧了牠，兒子才會成長成如此善良的孩子。

他們就像兄弟般

含羞草似乎認為自己是兒子的哥哥。在房內散步過程中，有時是含羞草跟在兒子的身後，有時是兒子跟著含羞草，就像是一對兄弟一樣來回走來走去。希望今後也能長久持續著如此熱鬧、幸福的時光。

有時是含羞草、兒子和爸爸一起玩。含羞草正在開心地跳躍。

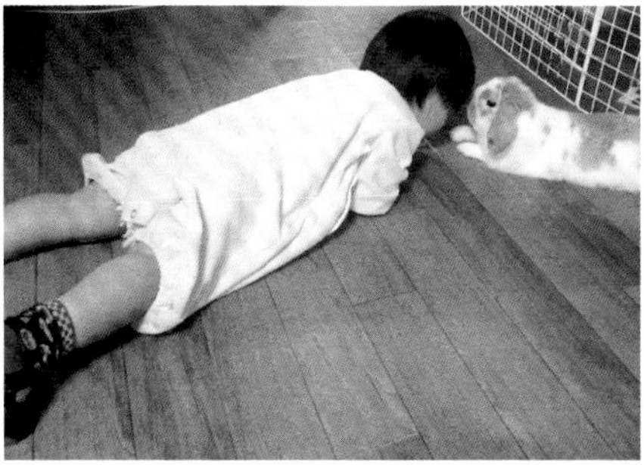

想要友好地貼著額頭的兒子和等著他的含羞草。

戰勝迎接日的大冒險

石橋京子

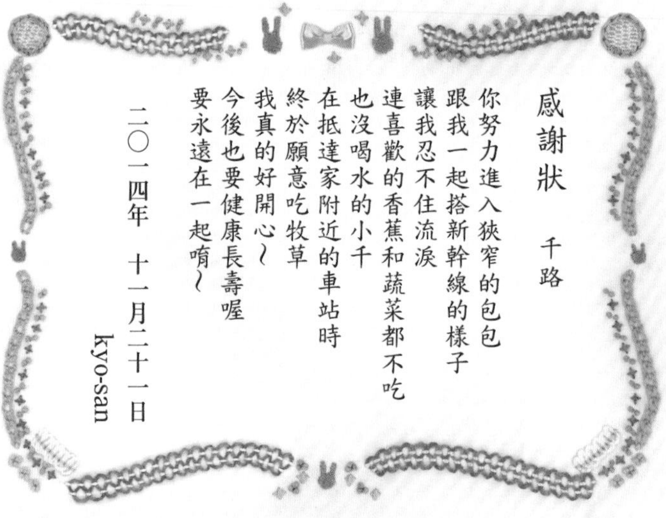

感謝狀　千路

你努力進入狹窄的包包
跟我一起搭新幹線的樣子
讓我忍不住流淚
連喜歡的香蕉和蔬菜都不吃
也沒喝水的小千
在抵達家附近的車站時
終於願意吃牧草
我真的好開心～
今後也要健康長壽喔
要永遠在一起唷～

二〇一四年　十一月二十一日
kyo-san

每天必做的事是，在天氣好的休息日到庭園散步，並在寬廣的庭園玩樂、奔跑。

新年用的和服腰帶是小女兒收到的禮物。大家都一直誇讚：「好可愛喔～！」

到達我們新家之前的千路大冒險

千路以前是和在外面一個人住的小女兒一起生活。小女兒不在家時，大女兒就會前往她的住處照顧千路，從那時候開始千路就是「我們全家人的兔子」。

在女兒的婚事定下來後，我們決定帶千路搬到我們寬敞的獨立透天住宅。因此，我帶著千路搭上新幹線和電車回家。不知道是不是緊張的關係，一路上千路完全沒碰牠最喜歡的香蕉。我因為不放心，一直和千路說話，並查看外出籠裡的情況。

在抵達附近的車站後，看到千路願意吃牧草時，我打從心底鬆了一口氣。一路上真的很辛苦，但我覺得這對千路來說也是一場大冒險。

隨著千路的加入，家裡愈來愈熱鬧

現在是我和丈夫、兒子、爺爺、奶奶，5個人一起生活。家裡隨時都有人可以對千路說「早安」、「晚安」。

千路聽到有人叫牠時，就會繞圈奔跑，並開心地跳躍。

在開始一起生活後，愈看千路愈覺得可愛，家裡也變得熱鬧許多。今後也想大家一起開心地生活。

買了草莓圖案的洋裝給千路。千路看到鏡頭馬上擺出姿勢！

到朋友Pyon的家裡玩。不知不覺變成雙兔攝影大會。

每天與個性十足的3隻兔子一起度過的幸福點滴

兔菜白

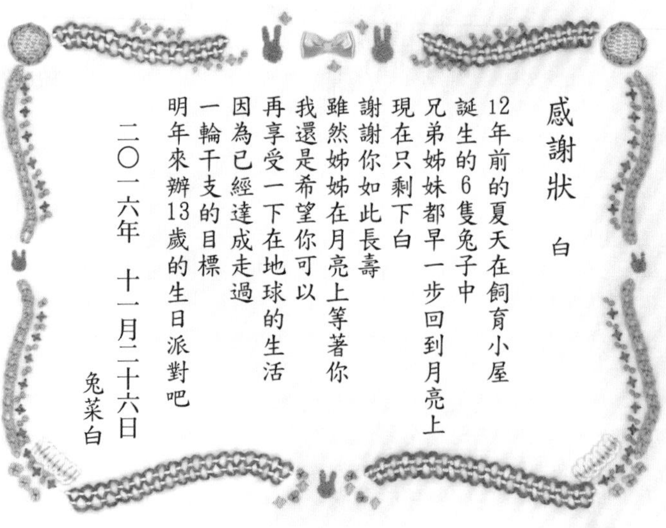

感謝狀　白

12年前的夏天在飼育小屋
誕生的6隻兔子中
兄弟姊妹都早一步回到月亮上
現在只剩下白
謝謝你如此長壽
雖然姊姊在月亮上等著你
我還是希望你可以
再享受一下在地球的生活
因為已經達成走過
一輪干支的目標
明年來辦13歲的生日派對吧

二〇一六年　十一月二十六日

兔菜白

小白精神飽滿，活力充沛的樣子，
讓人驚訝牠竟然已經12歲了。

從學校領回兔子後開啟兔子生活

我與3隻兔子同住，分別是年紀最大的12歲白、9歲的大理石和6歲的栗子。我每天都過著沉迷於兔子的生活，客廳擺放著兔子的籠子、牆上貼著滿滿的兔子照，還有很多兔子圖案和形狀的生活用品。但我原本其實並沒有那麼喜歡兔子。

一開始是當時正在上小學的孩子說想要帶兔子回來養。因為老師正在幫在學校出生的兔子「兔菜」尋找願意收留牠的家庭。最後我們連妹妹白都一起接回家。

我在每天與和睦相依的兩隻兔子接觸的過程中，逐漸覺得：「兔子真可愛啊！」不知不覺地沉淪於兔子的魅力。所有的兔子都很可愛，但對我來說，兔菜和白是特別的，因為是牠們讓我了解了與兔子一起生活有多快樂。

直到3隻富有個性的兔子齊聚在我家

大理石出生於兔子專賣店，在所有兄弟姊妹都已經決定好飼養家庭後，只有牠孤伶伶地留在專門店。大理石的花紋非常可愛，我們看到牠後毫不猶豫地決定要帶牠回家。

栗子是在公園裡受到保護的兔子所生下的孩子。我是在兔菜6歲去世後過了大約49天時得知栗子的事。因為太過在意，最後決定收養牠。現在光想像如果

開心的小跳躍♪即使12歲了仍然很活潑，腰腳也很結實。

每天都必須進行房內散步。小白很喜歡作為房內散步一環的耳朵按摩。

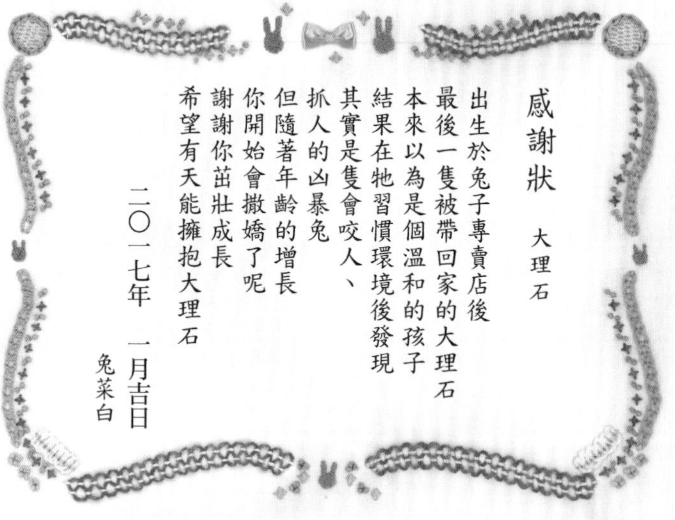

感謝狀

大理石

出生於兔子專賣店後
最後一隻被帶回家的大理石
本來以為是個溫和的孩子
結果在牠習慣環境後發現
其實是隻會咬人、
抓人的凶暴兔
但隨著年齡的增長
你開始會撒嬌了呢
謝謝你茁壯成長
希望有天能擁抱大理石

二〇一七年　一月吉日

兔菜白

正如其名，兔菜白表示：「大理石的毛髮花紋如同大理石般很可愛吧！」

大理石不喜歡被抱著或是放在膝蓋上，但很沉迷於按摩。

兔子媽媽沒有受到保護，那栗子會怎麼樣，內心就會緊張不已。

彷彿是連同去世的兔菜的份一起努力一樣，白健康地迎來12歲。另外兩隻的身體也很強壯，3隻一起悠哉地度過每一天。

祝你健康長壽

感謝狀是想向年滿12歲的白傳達「今後請多指教」的心情而寫的。白是3隻兔子中最親人的，無論是人類還是其他兔子牠都很喜歡。因為牠很習慣被抱著，身體也還很健康，有時我會帶牠去兔友的聚會。

當然，大理石和栗子也是既傲嬌又可愛的重要家人，所以我

感謝狀

栗子

如果在6年前嚴冬的那一天
救援隊沒有在公園
保護栗子的爸爸和媽媽
栗子就會出生在公園
然後被天敵攻擊吧
很感謝救援隊
謝謝健康貪吃的栗子
能成為我們家的一員
並帶給我們快樂

二〇一七年　一月吉日

兔菜白

栗子是一隻在外一條龍，在家一條蟲的頑皮兔子。甚至會在3隻兔子共用的房子中沾黏自己的味道，向其他兔子宣示主權！

在房內散步時興致高漲的栗子。照片是牠在向我們展現小幅度的跳躍。

也有準備寫給牠們的感謝狀。

大理石不喜歡被抱，但很喜歡按摩，會邊開心地用牙齒發出喀滋咖滋的聲音，邊讓我們多摸摸牠，因此我們撫摸牠的次數比其他兩隻還多。栗子是善良溫柔的孩子，牠填補了我們失去兔菜的寂寞。自從將栗子接回來後，我們愈來愈常透過網路和兔友交流。因為有這3隻兔子，我才能擁有現在的生活，希望牠們3個可以健康長壽，不被寒暑擊倒。

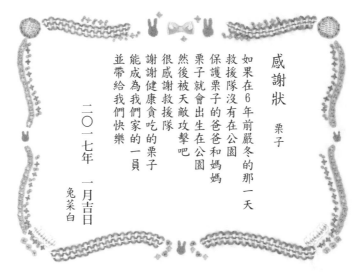

代替天國的爸爸

高松宏美

感謝狀　高松獅子丸

初次見面的瞬間
你就跟爸爸意氣相投
本來很擔心
但你很快就習慣這個家
只要叫你的名字
就會來我的身邊一起玩
獅子丸的力量連我的疲憊
都能一掃而光
你經常生病的時候我很擔心
但請你連同爸爸的份
活得長長久久
爸爸會一直在天國守護
曾經療癒爸爸內心的獅子丸

二〇一六年　十二月二十三日
天國的爸爸

陽台也是獅子丸房內散步的區域。牠時常在這裡玩樂，或津津有味地吃最喜歡的蘿蔔葉。

第一次抱獅子丸時的照片。相對於爸爸的緊張，獅子丸一臉從容。

最喜歡的爸爸和獅子丸的每一天

獅子丸和爸爸的感情非常好。只要爸爸喊獅子丸的名字，獅子丸就會一臉開心地在他的腳邊轉來轉去。爸爸也很喜歡獅子丸，整骨院的診療結束後，馬上就回到2樓家裡，邊喝酒邊幫獅子丸針灸或按摩。

獅子丸的圍欄架設在爸爸的房間，所以有時還會和爸爸一起睡在同一張床上。過年時爸爸甚至會用蔬菜做兔子吃的年菜，可見爸爸到底有多疼愛獅子丸。

直到兩人克服突發的事件

但是有一天，爸爸突然去世了。媽媽非常驚訝、傷心，獅子丸似乎也受到不小的打擊。

獅子丸起初還會在房間裡走來走去尋找爸爸，但隨著食慾的下降，牠不再跨出圍欄。這個情形大約持續了1年，最後牠終於恢復到會在房內散步。

感謝狀是代替爸爸寫給振作起來的獅子丸的。雖然已經8歲了，我仍然希望牠可以活得愈來愈健康。相信這也是爸爸在天國的願望。

過年和生日時，爸爸製作的獅子丸專用菜單。放入了大量花椰菜等蔬菜。

陽台有獅子丸專用的「別墅」，同時也是牠的藏身之處。是牠相當喜歡的地方。

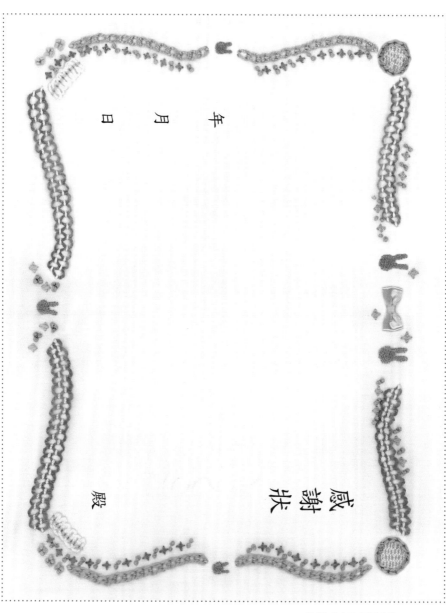

感謝狀

殿

年 月 日

＊請彩色複印此感謝狀後使用。

CHAPTER

4

貼近老年兔的生活

重視心理護理，傳達不變的「愛」

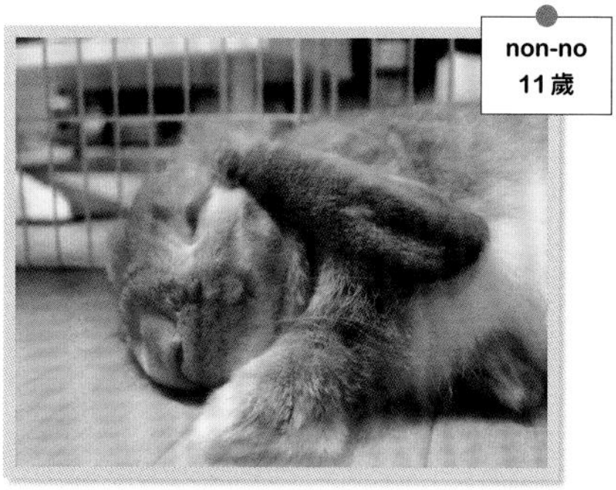

4個榻榻米大的房間整天對non-no開放。一邊打掃一邊撫摸non-no。（大阪府／T・M）

只要確實感受到自己被愛著，就能放下心來

兔子和人類一樣擁有豐富的感情，即使成為老年兔，這點也不會改變。兔子在表達情緒上也存在著個體差異，有些輕易就能表現出「開心」、「快樂」等心情，有些則是比較謹慎客氣。但如果是長年一起生活的兔子，應該已經和飼主建立起深厚的信賴關係。

在覺得兔子「今天心情很不錯」的日子，飼主自己也會因此感到滿足。而這樣的情緒也會再回傳給兔子。

飼主必須了解的是，隨著年齡的增長，兔子的食慾和對運動的需求會逐漸降低，在這種情況下，比起解放感，兔子更需要安全感。因此，用以緩解、消除兔子焦慮情緒的心理護理會愈來愈重要。

想要接觸飼主、想要飼主摸摸自己、想要消除孤獨的焦慮感……當這些需求得到滿足，並確實感受到自己被愛著時，兔子就會放下心來。因此，請毫不吝嗇地對兔子傾注滿滿的愛。

「心情如何呢？」

花點時間和兔子相處，觀察牠的表情和行為是否和昨天不同。如此一來，既能讓彼此有安全感，還能及早發現疾病。

「今天也好可愛喔！」

與兔子進行交流，叫牠們的名字或是跟牠們說很多話。兔子無論多大，被人誇讚「好可愛」時都會感到愉悅。

待在一起好幸福

比起將飼主的不安也傳達給兔子，不如將可以待在一起的幸福感分享給對方。並感謝今天也度過了圓滿的一天。

不要慌張

當意識到自己的體力在衰退時，兔子自己的內心一定也會有失落等糾結的情緒。這時如果連主人也跟著慌張的話，兔子會愈發感到焦慮。

幫助兔子不慌不忙地接受衰老症狀

再多的關愛，也無法阻止兔子出現視力下降、四肢無力等老化現象。無論是在台階上摔倒、撞到東西、牙齒狀態不佳等，所有的狀態都與人類年老時相似。而且過去做得到但現在做不到的事情會愈來愈多。

發生上述情況時，兔子就會感到壓力。而且愈來愈常自問自答：「奇怪？為什麼？」或是向飼主訴苦，以及表現出煩躁或沮喪的情緒。這種時候，如果飼主也跟著慌張，只會讓兔子失去信心，以為「衰老是不好的事情」。

年老並不是什麼什麼悲傷或遺憾的事情。重點是，飼主要先以正向積極的態度接受兔子的衰老。接著再想辦法調整，讓兔子的生活沒有任何身心上的不便。

有些兔子的肚量在老年後會跟著變大，但也有一直保持著高自尊心的兔子，尤其雌性似乎更容易有這種傾向。因此在照顧兔子時，切記要避免傷及牠們的自尊心。

年紀愈大時誇牠們可愛愈能建立自信心

重新檢視生活環境，減少會出現「失敗了！」的情況，同時也要一直誇讚兔子：「〇〇今天也很可愛呢！比昨天還要可愛唷！」只要重拾信心，兔子就能

魯魯 8歲

魯魯是在我派駐於德國法蘭克福時接回家養的。牠為自己亮麗的毛髮和臉龐感到自豪。（兵庫縣／水野佳奈子）

桃太郎 10歲

擁有連動物醫院的醫生都嚇一跳的跳躍力。（神奈川縣／力石惠里子）

生活的變化
面臨衰老
兔子鮮少梳理毛髮
快點梳啦
蓬鬆
作為替代以梳子幫牠梳理毛髮
掏出
不只盲腸便，經常連普通的大便都吃
啊！那個是……
不可以喔
咀嚼
好難吃
到處小便
看起來像是點點的花紋很漂亮吧
唏－
所以，不要擺放太多物品
托你的福唷
變寬敞了耶
啊哈哈哈
一直在打掃

舒服地過著每一天。

儘管體力下降、做不到的事情愈來愈多，飼主還是可以透過陪伴在兔子身邊支持牠們，來彌補其生活上的不如意。

雖說如此，我們並不知道什麼時候、因為什麼事，會導致兔子失去老化的平衡。老化失衡就意味著接近死亡。

儘管對飼主來說，可能會因為太過傷心而不想去思考這件事，但請務必將這點銘記於心。

吉郎
6歲

為了牠的將來，我開始用針筒為牠喝水，也準備了很多不同的牧草給牠吃。（大阪府／比古喵）

不要「邊做別的事」，而是確實面對面溝通

對於「來理我」的表現，要擺在第一位處理

當兔子累積許多壓力時，身體本身的免疫力會隨之下降。而且在上了年紀後，兔子會更容易感到壓力大，因此希望飼主要比平時更加密切地與兔子交流。像是將一般都放在盤子裡的點心直接拿著餵等的方式，都會成為兔子和飼主愉快的親密接觸。

還有一點必須重新評估的交流方式，那就是不要「邊做別的事」，而是延長確實和兔子面對面的時間。兔子在年輕的時候，隱約會表現出「這麼做的話飼主就會理我」的企圖，但年老後的行為舉止就不會含有這種企圖。在兔子表現出「現在想要撒嬌」、「我好焦慮」時，如果得到「等一下」的反應，就會因為覺得自己被冷落而感到難過、沮喪。相信飼主都不想讓兔子有這種感覺。

而且如果飼主現在不做兔子希望你做的事，可能會成為未來的遺憾，更何況每隻兔子對失落的感受並不相同。所以請務必停下手邊的事情，抽出時間與兔子面

對面交流。

在身體接觸時，也會發現細微的變化

即使只有10分鐘也好，不要「邊做別的事」，每天花點時間確實與兔子面對面相處。如此還有一大優點，就是可以察覺到兔子身上與往常不同的微妙變化。

因為不再活潑好動，有時會很難判斷兔子的身體情況到底是不好，還是和平常一樣。然而，透過每天的面對面交流，就可以得知今天和昨天的差異。請不要將「長時間都在睡覺」、「一直待在角落」等行為都歸咎為「因為老了」，而是要溫柔地觀察牠們現在是什麼樣的心情。

適合老年的兔籠擺設

寬敞的籠子，舒適的老年規畫

如果為了老年規畫打算買新的籠子替換，請務必考慮購買容量更大的籠子。通常大家都會認為上了年紀後，買小一點的籠子就好，但讓兔子在大籠子中悠哉活動，有助於預防肌力下降。

籠子裡的擺設最好盡量簡單，不過如果什麼都沒有的話，兔子的住處就會變得很無聊。可以試著換上實用的器皿，或是換成不同材質的地墊等，如此一來，就能為牠們的生活帶來一點變化。

可在兔子常待的地方鋪上柔軟的墊子。若是不會啃咬布製品的兔子，推薦使用布製的墊子。此外，擺放兔子用的床鋪也是不錯的選擇。經常打掃兔籠固然是必須的，但如果兔子覺得舒適，不用那麼堅持也沒關係。

相信也有「我家的孩子幾乎都直接在房間裡放養」的家庭。若是這樣的情況，請盡可能地將房間改造成沒有高低差的空間，例如移除有高度的沙發、能攀爬的家具等。

要時常清洗床鋪。市面上也有販售可以整個拿去洗的兔子用床鋪。

暖爐是一年四季都要使用的物品

在住處方面，飼主必須留意的是「保暖」。兔子在年老後大多會比年輕時還要怕冷，所以即使在夏天，暖爐也能派上用場。雖然空調也有暖氣的功能，但如果要讓兔子感到溫暖的話，建議還是選擇讓兔子可以走到暖爐旁的方式。

經常待著不動的兔子可能會因為暖爐出現低溫燙傷的情況。因此，若是使用電毯，請用雙面刷毛布等布料捲起來或是橫立在一旁，以免發生意外。另外，可放置在兔籠旁的遠紅外線煤油暖爐，以及寵物用雲母電暖器等類型的暖爐，因為能幫助兔子從身體中心溫暖到全身，深受老年兔的喜愛。

找出自家孩子住得舒適的擺設

從下一頁開始，將介紹老年規畫用的兔籠擺設範例。每隻兔子的衰老情況都不一樣，所以要思考這樣的住處是否適合自家兔子。有時甚至還需要進行反覆的測試。

由於現在愈來愈多兔子踏入長壽的階段，兔子用品製造商和商店紛紛推出適合老年兔的商品。其中也有一些能幫助飼主照顧兔子的產品，建議可以多方嘗試看看。

絕對不能讓老年兔覺得「冷」。寵物用的暖爐在夏天也很好用。

可以悠哉活動身體的兔籠擺設

此為拆除閣樓層板等具有高度差的擺設，創造出更多空間，方便兔子活動的兔籠擺設。適合身體能力上尚能使用便盆，準備邁向年老的兔子。

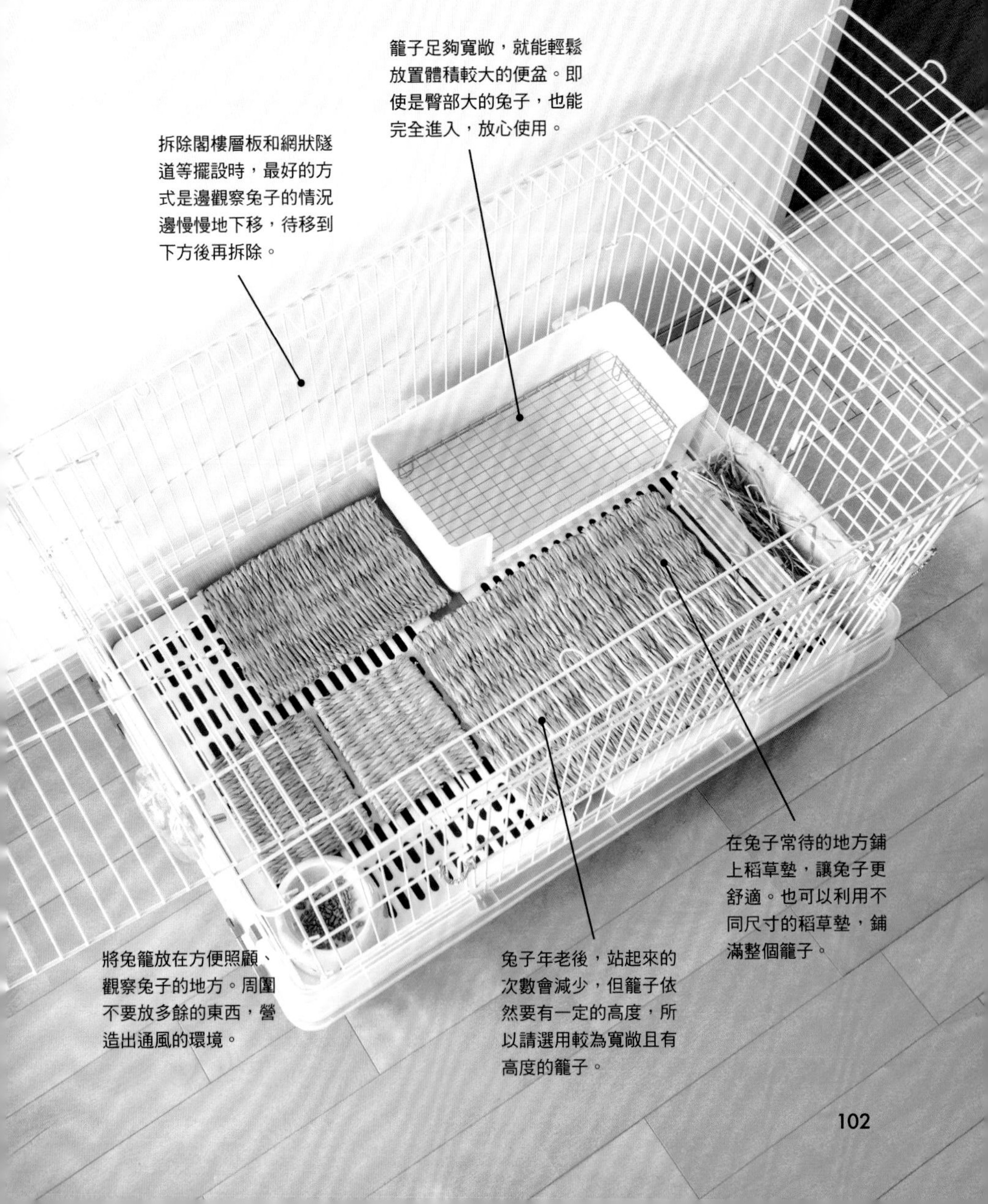

籠子足夠寬敞，就能輕鬆放置體積較大的便盆。即使是臀部大的兔子，也能完全進入，放心使用。

拆除閣樓層板和網狀隧道等擺設時，最好的方式是邊觀察兔子的情況邊慢慢地下移，待移到下方後再拆除。

在兔子常待的地方鋪上稻草墊，讓兔子更舒適。也可以利用不同尺寸的稻草墊，鋪滿整個籠子。

兔子年老後，站起來的次數會減少，但籠子依然要有一定的高度，所以請選用較為寬敞且有高度的籠子。

將兔籠放在方便照顧、觀察兔子的地方。周圍不要放多餘的東西，營造出通風的環境。

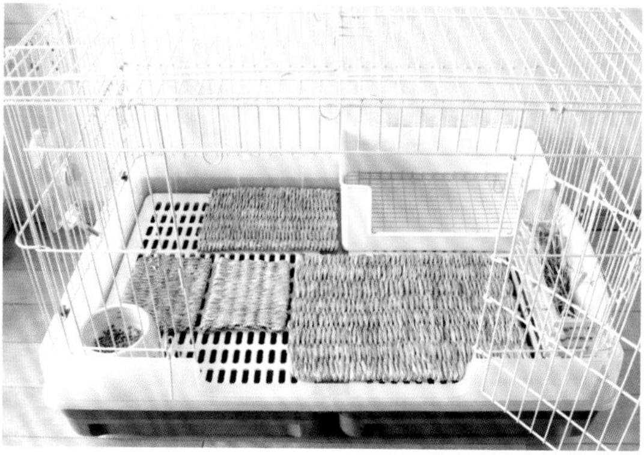

寬敞的門與簡單的擺設

籠子的門愈寬敞，兔子出入就愈方便，而且飼主也比較容易將兔子抱出來。建議在出入口放置P105介紹的踏台。兔籠中的擺設要盡量簡單，讓兔子更便於活動。盲腸便沾黏於鋪設在底網的稻草墊上時，應待其乾燥後再徹底清除乾淨。兔子小便失敗使地墊沾染髒汙時，要確實清洗乾淨後曬乾。

也要檢查籠子的構造

像照片中這種籠子，架高部分由塑膠製成。可避免兔子因為站不穩，臉部撞上鐵網，同時也有緩和衝擊的作用。

考量兔子的姿勢

為了不讓喝水和吃飯的姿勢造成身體的負擔，飲水器的位置要往下移。飼料碗則要選用有重量的且臉容易放入的款式。

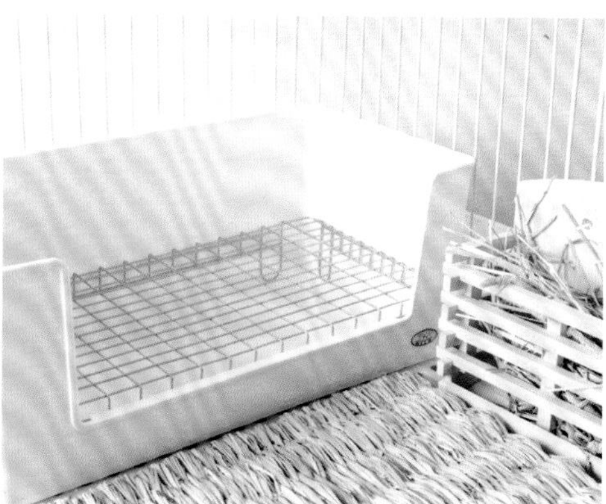

便盆擺放在舒適的地方

為了讓兔子可以心情愉悅地上廁所，請設置寬大的四角形便盆。腳底要鋪設稻草墊，牧草架也要放在方便食用的地方。

舒適生活的兔籠擺設

適合睡眠時間愈來愈長的兔子。
目標是打造出隨時都能悠哉、
舒適地生活的住處。

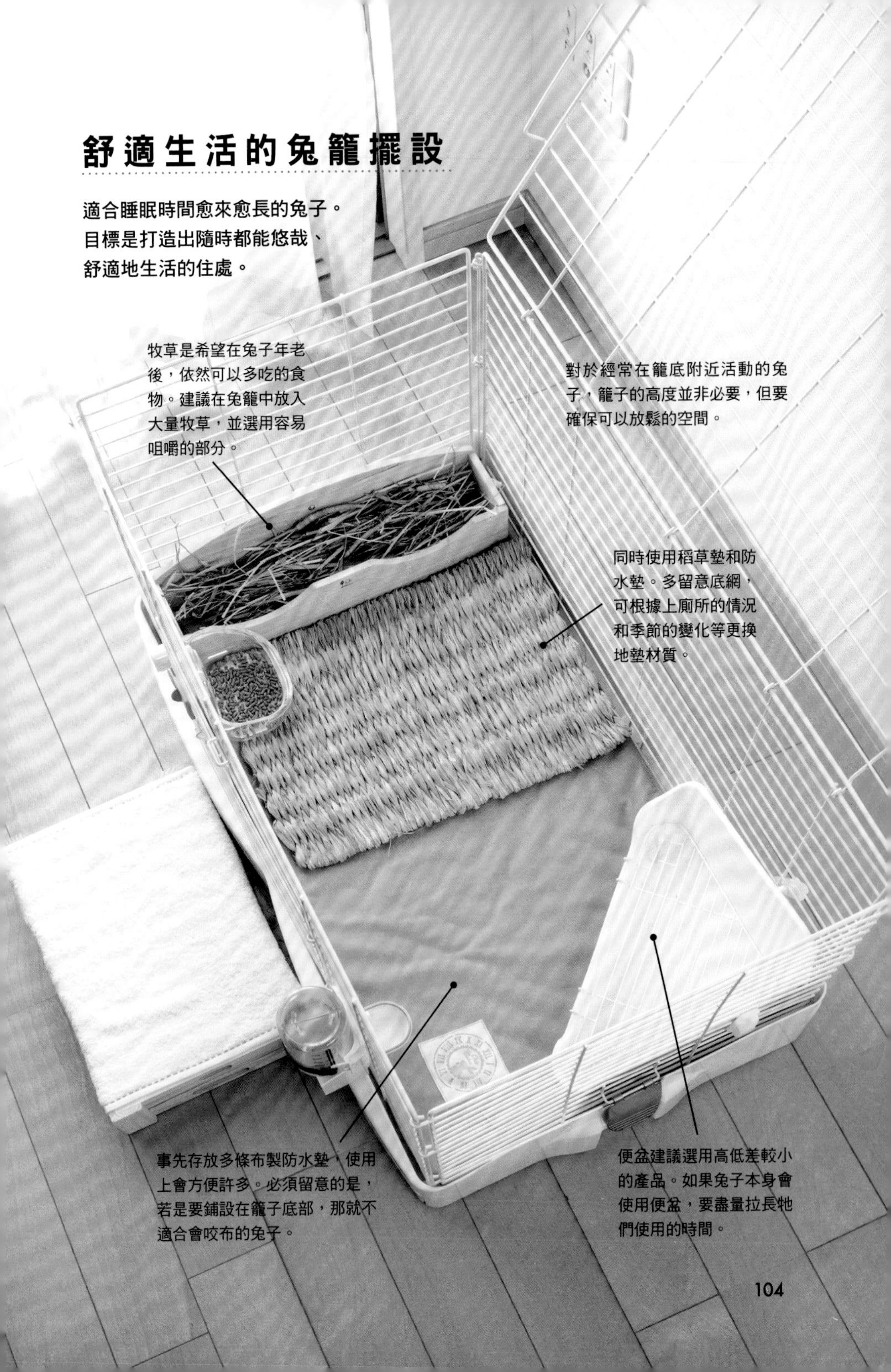
牧草是希望在兔子年老後，依然可以多吃的食物。建議在兔籠中放入大量牧草，並選用容易咀嚼的部分。
對於經常在籠底附近活動的兔子，籠子的高度並非必要，但要確保可以放鬆的空間。
同時使用稻草墊和防水墊。多留意底網，可根據上廁所的情況和季節的變化等更換地墊材質。
事先存放多條布製防水墊，使用上會方便許多。必須留意的是，若是要鋪設在籠子底部，那就不適合會咬布的兔子。
便盆建議選用高低差較小的產品。如果兔子本身會使用便盆，要盡量拉長牠們使用的時間。

舒適的底網

鋪滿稻草墊和防水墊，讓整個底網踩起來更柔軟。選用大小剛好的牧草架，就不會出現多餘縫隙。

方便飲食的形狀

使用固定式的飼料碗時，要選用寬口、深度淺，方便兔子吃飯的產品。照片中為懸掛式飼料碗，可以安裝在較低的位置。

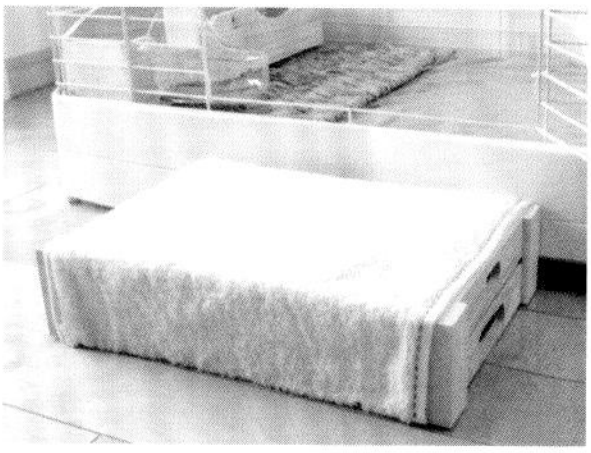

在出入口放置踏台

製作寬敞的踏台放在出入口，兔子進出時會更輕鬆。照片中的是將木製的牧草架底朝上，以毛巾包裹後製成的踏台。

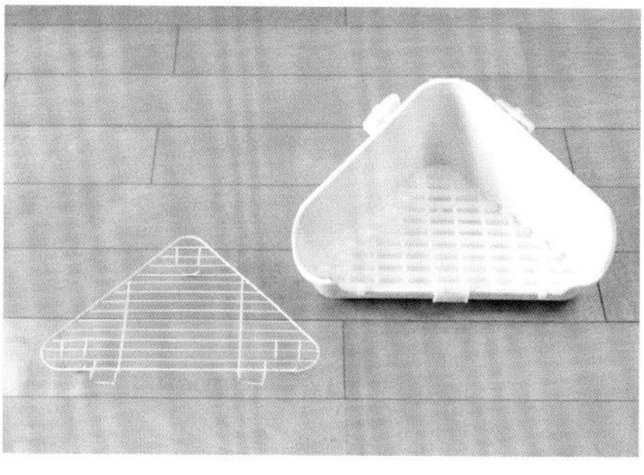

便盆的網子

如果有留下盲腸便或是疑似大出軟便的情況時，請使用有附鐵網的便盆。不要使用容易使兔子的腳沾黏髒汙的塑膠製網。市面上也有單獨販售的鐵網，可到販售的地方確認。

附有飲水盤的給水器

盤型給水器可以讓兔子用更輕鬆的姿勢喝水。若是兔子用不習慣之前使用的給水器，建議可嘗試這種類型。

容易跌倒時的兔籠擺設

此擺設適合足腰無力、視力退化，
容易在籠子中跌倒的兔子。
也很合適不太確定會不會到便盆上廁所的兔子。

如果兔子愈來愈常搖搖晃晃地走路，可放入緩衝墊等緩衝物品。同時也方便牠們平時用來倚靠。

如果兔子比以往更容易摔倒，那籠子中的擺設要更加簡單。雖說如此，為了不讓兔子一直待在同一個地方，還是要在擺設上下點工夫。

即使兔子視力衰退，也要讓牠知道上廁所和吃飯的地方在哪裡。所以一旦決定好擺放的位置後，盡量不要再做更動。

這裡是籠子中必須盡量排除障礙物的地方。兔子吃完飯後，請將飼料碗往下放。

底網鋪設防水墊。防水墊要選用吸水性佳，摸起來舒適的材質，髒掉時要進行更換。

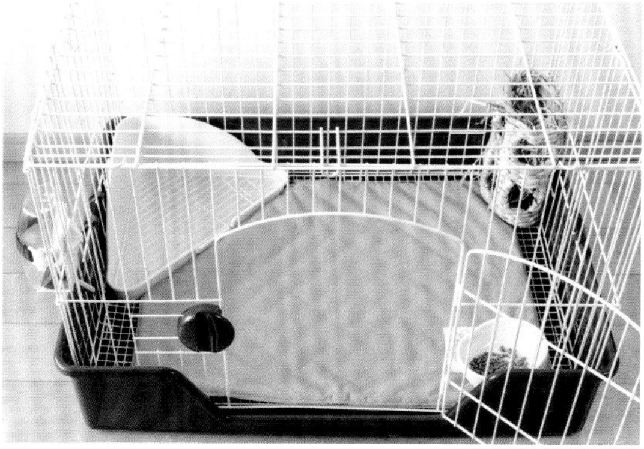

考慮到兔子跌倒時

重新檢視籠子裡的擺設，避免兔子跌倒時受傷。擺放的物品盡量不要有稜角，選用圓角或周邊柔軟的物品。

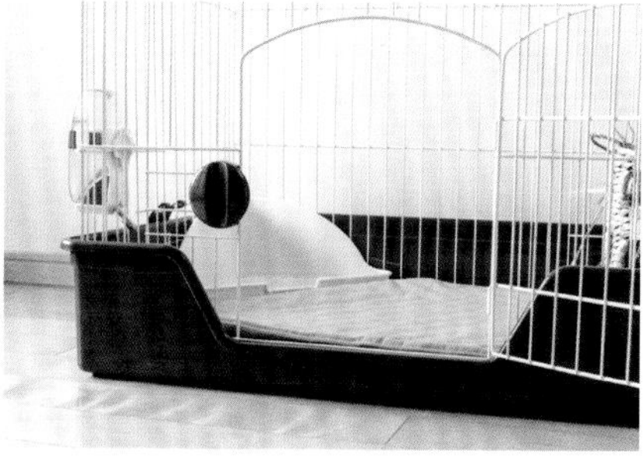

考量便盆的高低差

照片中的兔籠附有裝設在底網內的便盆，是一種減少高低差的設計。可依需求選擇裝在左、右側。

出入口的高低差

出入口的高低差也是檢查的重點。如果兔子在出入口猶豫要不要出來，也可以直接抱著牠進出。

吃飯更便利

照片中的是貓用飼料碗，因為前方較低的構造，也很便於兔子使用。值得開心的是，犬用和貓用物品中也有適合兔子使用的器具。

也要選用材質柔軟的牧草架

香蕉莖編織成的牧草架可作為緩衝墊的代替品，即使兔子撞到也沒關係。兔子年老後，啃咬的情況也會減少，所以牧草架的使用壽命會比兔子年輕時還要長。

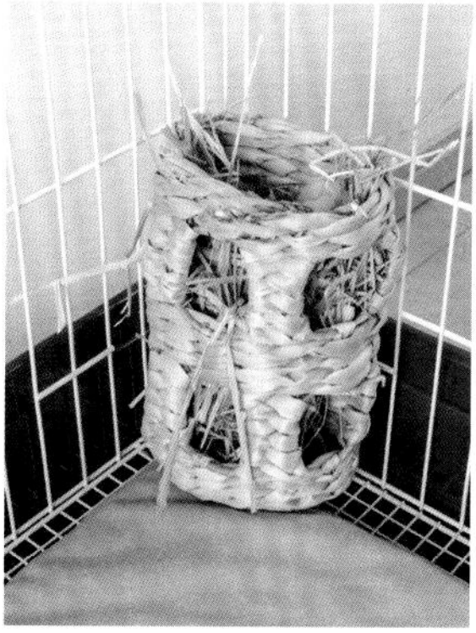

看護時的兔籠擺設

根據不同的兔子，看護的程度和護理的方法也會有差異。
找出適合自家兔子的住處，以及方便照顧的擺設吧。

沒有設置便盆的兔籠擺設。無論是否需要看護，兔子沒在用便盆就可以拆除。

底網鋪上吸水性佳的腳踏墊。選購重點為觸感良好、可以頻繁清洗，以及價格便宜。

對老年兔來說，吃飯是最每天最期待的事情。如果兔子沒辦法自己吃的話，可以一粒一粒拿著餵牠吃。

緩衝墊是兔子跌倒時能有效緩衝或是用來靠坐的物品。也可以自己動手做。

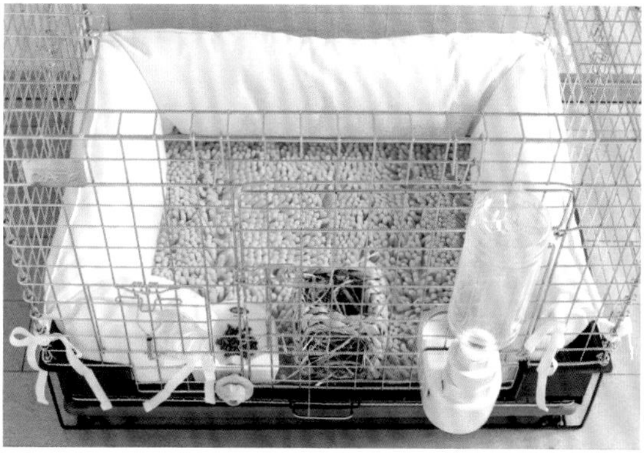

柔軟舒適的住處

籠子四周裝上一圈可固定的緩衝墊。不要換成小籠子，而是用緩衝墊等素材包圍籠子，以柔軟地支撐兔子的姿勢。鋪在底網上的腳踏墊會完全吸收所有的尿液。清理腳踏墊時要抖落糞便後再清洗。

在安裝方式上下工夫

刻意將螺絲以傾斜的角度鎖入，以方便兔子吃飯。為了讓兔子可以長久地獨立吃飯，也要在安裝上花點心思。

滾動放置

牧草除了直接放在地上，也可以放入照片中這種能滾來滾去的玩具中。若兔子沒辦法移動，可將牧草放在牠的嘴邊。

四周裝上緩衝墊

對護理的依賴程度提高時，要在籠子四周安裝緩衝墊。讓兔子倚靠在緩衝墊上，也可以避免兔子一直維持相同的姿勢。

安全飲水的環境

使用附有飲水盤的給水器，就不用擔心碟子翻倒的問題。在購買飲水器前要先確認是否可以裝在家裡的籠子上。

對老年兔友善的用品

即使是常用的用品，也有適合老年兔的使用方式。
護理用品多為可愛的設計，讓飼主可以保持愉悅的心情。

＊P102～111 刊載商品的公司訊息收錄於P159，敬請參考。

作為室內散步的供水處

虹吸式給水器因為飲用口的飲水盤較小，既可以避免翻倒，也不會沾溼兔子的前腳。也能作為室內散步時的給水器。

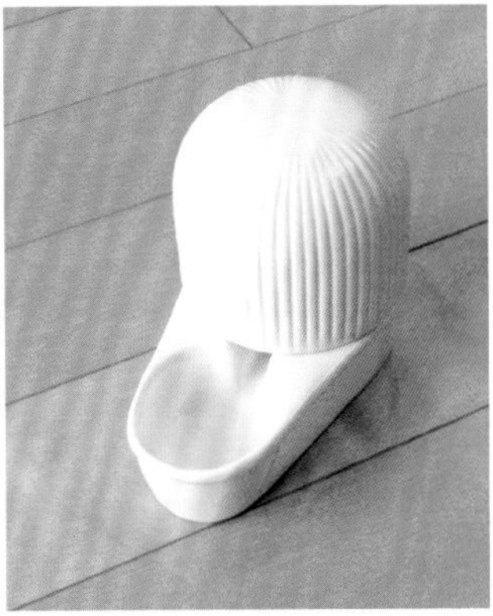

拆除限制零件

拆除牧草架附有的鐵網等限制零件，讓兔子在食用牧草上更為便利。要記得處理兔子沒吃完的牧草。

吃飯更方便、安全

照片中右邊的容器，原本是用來盛裝顆粒飼料的飼料碗，但也可以拿來盛放老年兔的牧草。左邊牧草架的選擇重點是圓弧狀的邊角。

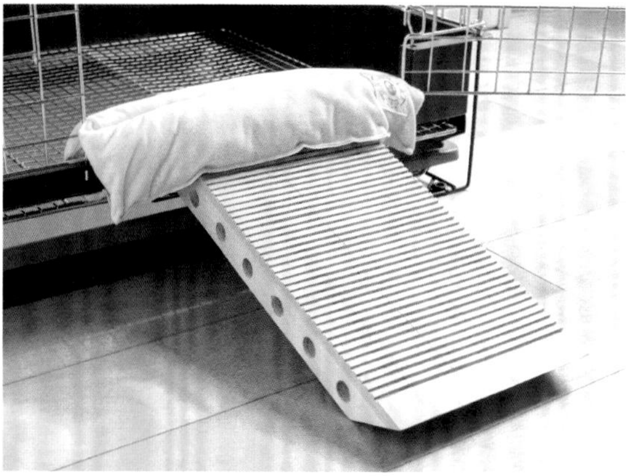

斜坡與緩衝墊

在出入口設置坡道時，要盡量避免傾斜。兔子跨越時容易在交接處絆倒，利用緩衝墊蓋住後就能放心地讓兔子使用。也可以將緩衝墊放在斜坡兩側。

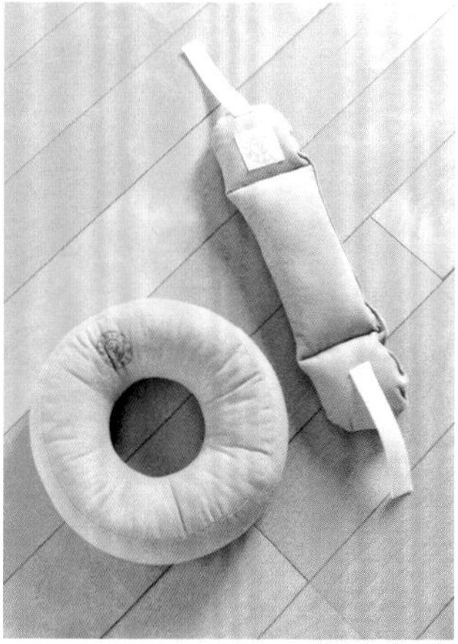

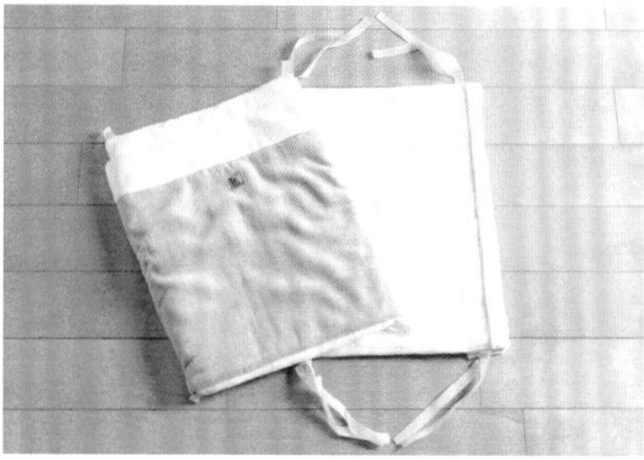

保護腳下的墊子

市面上也有販售緩衝性高的地墊，以及能裝入寵物尿布墊的地墊等各種不同的墊子，飼主可以多方嘗試。

護理用的小型緩衝墊

照片右邊附有綁帶的緩衝墊，可以用來包裹兔子的胸前，使兔子自然抬起頭部，擺出舒適的姿勢。甜甜圈狀的緩衝墊用來墊在兔子的臀部下方，以此讓臀部稍微懸空，避免後腳沾到小便。也可以用尿布墊包起來後再使用。

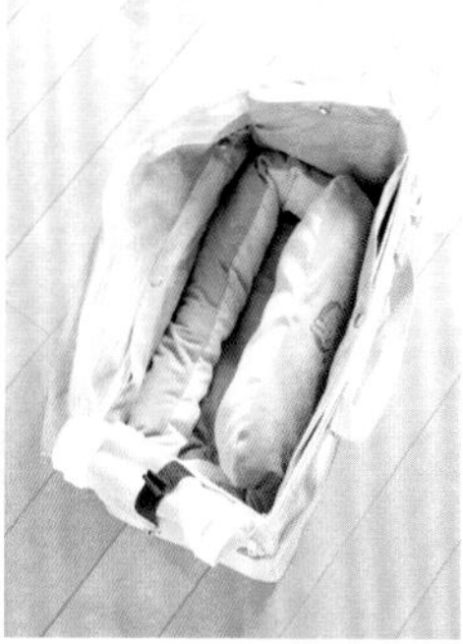

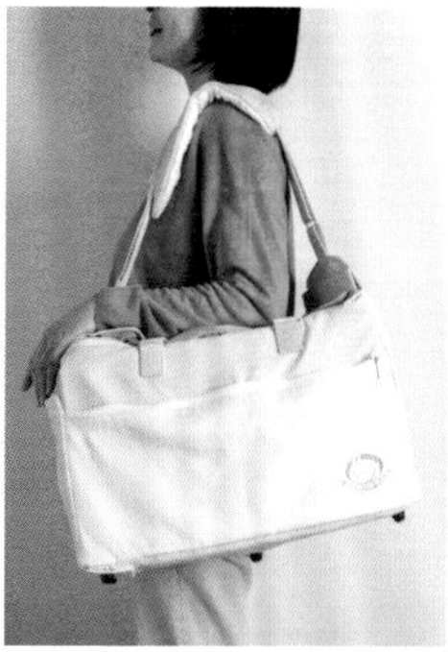

帶床的寵物提袋

寵物提袋是前往醫院的必備品。照片中的這款提袋誕生於兔子雜誌的企劃活動。內部裝有可以剛好將兔子放進去的床形緩衝墊。

看護兔子是新世界的開始

雖然臥床不起，但食慾仍然很旺盛。年老後開始願意讓人抱。（三重縣／田中次郎）

看護的目的是「安穩的每一天」

當兔子的生活中，需要更多飼主的幫助時，就代表看護的日子開始了。

看護兔子的目的是要讓兔子可以愉快、安穩地度過每一天。作為實現這一目標的手段，飼主要幫助兔子進食和用藥、協助排泄和運動，以及管理衛生和溫度等。飼主必做事項取決於兔子的情況。

在日本的人類社會中有所謂的看護三原則，分別是生活持續原則、自我決定原則以及活用殘存能力的原則。

如果將此3原則套用到兔子看護中的話，簡單來說就是，盡量不要改變至今的生活、不要勉強牠們、還可以做的事情盡量讓牠們自己做。

完全接受衰老

兔子在面對做不到的事情愈來愈多的現實時，也會失去自信、感到不安。

遇到這種情況時，飼主要樂觀地說沒關係，並多多鼓勵牠們。而且要表揚牠們的行為，例如好好吃完飯了、大出健康的大便、玩得很開心以及找到做得到的事等。

主要是在面對兔子時，要抱持著積極的態度，大方地接受兔子所有的老化症狀，這麼一來，兔子就能感到安心。

100%完成「做得到的事情」

每隻兔子、每位飼主的看護方式都不一樣，沒辦法與其他家庭比出優劣。而且如果飼主因為太過努力而倒下，那就得不償失了。因此，不用勉強，只要完成「自己做得到」的事就好。此外，不要一個人獨自煩惱，可以找家人、獸醫、常去的兔子專賣店或兔友等人商量。

正因為兔子活得長久，才會有看護的日子。由此來看，看護也可以說是兔子與飼主創造出來的新世界。

生活的變化 拚命稱讚！

利用合適的軟質食品讓兔子確實攝取養分

布丁
14歲

牙齒有咬合不正的問題，但還是吃很多喜歡的蔬菜。最近很容易跌倒，坐著的時候也要靠著娃娃。（大阪府／布丁的媽媽）

身體狀況出現變化時，請重新檢視飲食

如果兔子出現食量變小、體重減輕、糞便變小或變少、毛色沒有光澤或牙齒狀況愈來愈差等情況，就到了飼主應該重新檢視飲食的時候。

但首先應該先到醫院接受診察，確定導致變化的原因後再來調整。

採用專用的軟質食品

遇到兔子因為消化吸收能力退化而消瘦的情況時，光是將顆粒飼料泡軟，讓食物更容易咀嚼是不夠的，最好是食用容易消化的看護用粉狀食品，或是動物醫院專門的處方食品。

是要減少顆粒飼料多餵軟質食品，還是全部換成軟質食品，要取決於兔子的狀態。但軟質食品並不耐放，而且準備起來也很麻煩。若有可能會將兔子託給他人照顧的話，建議在菜單中同時加入方便食用的顆粒飼料會比較好。

遇到兔子不意願吃飯的情況時，飼主必須進行強迫餵食。在

〈Yeaster〉
selection pro＋ 不含麩質
vital charge
以具高纖維的提摩西草為主要原料，另外還有添加β-葡聚醣等。

〈medimal〉
Care Food兔子的軟質食品
均衡搭配乳酸菌和消化酵素等必須營養素。

〈うさぎのしっぽ〉
recovery food
兔子的糰子　不含麩質
不含麩質，以提摩西草為主要原料。另外還有添加巴西蘑菇和核苷酸等。

〈Yeaster〉
selection＋
草食小動物用營養粉
以紫花苜蓿草為主要原料，另外還有添加β-葡聚醣等。

與獸醫討論過後，如有必要，可考慮更換食物。但請留意，如果是因為生病沒辦法吃東西，例如消化系統完全停止運作等，那強迫餵食可能會有危險。

給予充足的水分，以維持身體正常運作

也要注意是否有提供充足的水分。水分非常重要，如果兔子體內的水分不足，會出現消化系統沒辦法正常運作、尿液量減少，老廢物質排不出去、增加罹患腎功能不全的風險、出現脫水症狀或食慾不振等問題。而且還會導致黏膜乾燥，容易感染疾病。

以恢復健康為目的的手作糰子與液體食物

企劃協力：ペッツクラブ

製作兔子喜歡的糰子

軟質食品中分為柔軟的糰子狀食物，以及濃稠的液體食物（流質食品）。兩者都是針對沒辦法吃一般食物和牧草，或是消化不好的兔子而設計的食物。

建議在兔子7歲左右，也就是開始有老年傾向時，讓牠們習慣吃糰子狀的軟質食品。一般可以加入榨成汁的蔬菜、水果和營養補充品，製成符合兔子喜好的糰子。此外，將零食果乾切碎混入，或是添加營養補充品的蜂膠，能讓味道會更美味。

為了幫助兔子適應糰子，一開始可當作零食慢慢餵給牠們吃。必須留意，給太多的話，可能讓兔子覺得：「好好吃！吃這個就好了！」反而不再吃飼料和牧草。

牧草中富含對兔子來說相當重要的「纖維」。即使飲食上轉為以軟質食品為主，也要盡量讓兔子攝取牧草。也可以將顆粒飼料型的牧草放入水中浸泡後加到糰子中，以此增加纖維的含量。

目標是製作出讓兔子可以吃得津津有味的「美味軟質食品」。

儘管換成液體食物，還是要以糰子為目標

當兔子不再接受糰子狀的食物時，就要替換成液體食物。在餵食液體食物時請慢慢地一點一點地餵給牠們。最理想的情況是，透過對消化吸收有益的液體食物來恢復健康，回到可以吃得下糰子狀食物的狀態。畢竟可以靠自身力量吃飯這件事，能幫助兔子獲得自信。

對老年兔來說，津津有味地吃飯是活著的意義。因此，就算改吃液體食物，還是有很多兔子願意開心的食用。兔子雙眼閃閃發亮地吃飯的模樣，對飼主來說是最大的鼓勵。

手作糰子的食譜

材料

護理用食品※請參照P115
少量的水或是蘋果汁等
適合兔子的營養補充品
也可以加入青汁等液體

1 將護理用食品放入小型容器中，慢慢地倒入水。營養補充品等也是在這時候一起加入。

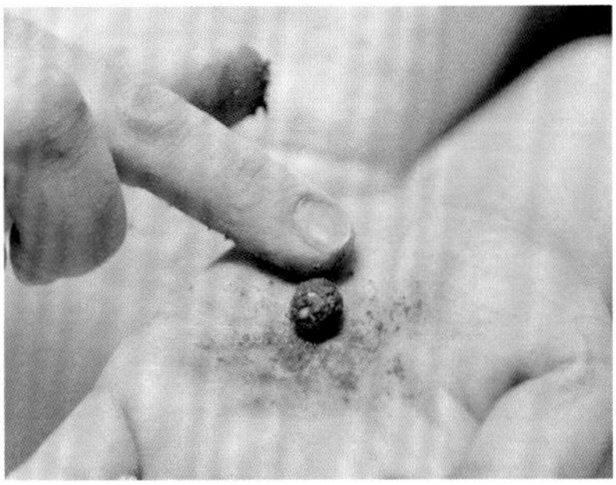

2 放在手掌上搓成糰子狀。差不多是食指可以轉動的大小。

3 如果吃飯時間分成早晚兩次的話，每次做10顆左右。不要先做好放著，每餐都要動手做。

液體食物的餵食法

對兔子說：「吃飯囉！」

最理想的狀態是，在針筒頂端靠近時，兔子會自己張開嘴巴表示「給我吃」，並在口中咀嚼後吃下肚。若兔子臥床不起，可將寵物尿布墊剪出半圓形缺口，放在兔子的脖子下方，避免食物掉到身上。

照片中由左到右分別是1mL、2.5mL、25mL的針筒。建議使用容量較小的類型。

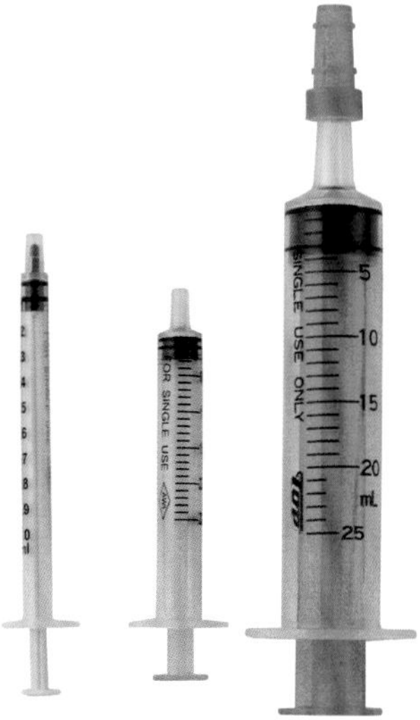

照片中的針筒前端呈彎曲狀，可以根據流動食品的狀態，以剪刀修剪。

邊觀察狀況邊慢慢餵食

餵食液態食物時，最大的原則是少量多次。如果一次大量餵食，可能會導致兔子誤嗆。也可以一次準備多個1mL的針筒，每次餵食1mL。

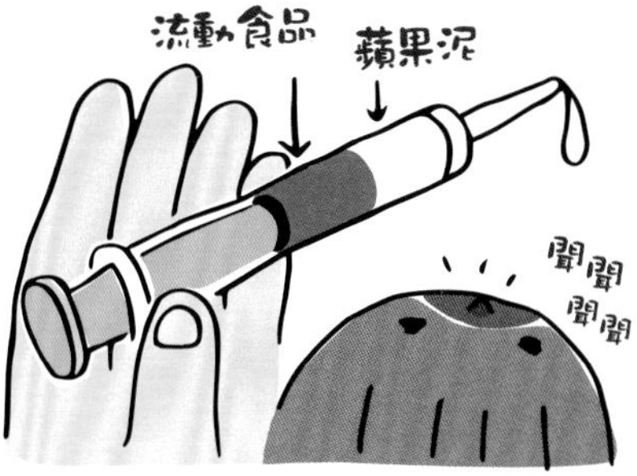

借助兔子喜歡的食物

兔子不太願意吃的時候，可以在針筒中加入流動食品後，添加磨泥的蘋果等兔子愛吃的食物，這麼一來兔子就會先吃到喜歡的食物。也可以只放兔子愛吃的食物，先讓牠們習慣針筒。

掙扎亂動，不願吃的時候

準備餵食時遇到兔子卻掙扎亂動的情況，可利用毛巾來固定身體。這就是所謂的「強迫餵食」，是為了讓兔子吃飯的必要手段。

1 將浴巾對摺，鋪在膝蓋上後把兔子放在上面。將兔子的鼻尖對齊浴巾的對摺處。

2 將浴巾的邊緣貼在兔子的脖子上，左右兩邊的浴巾在兔子的頭後方交錯，類似穿「和服」那樣。

3 這樣即固定完成。將針筒插入兔子的嘴角。只要針筒前端從正面碰到前牙的內側附近，出於習性，兔子就會開始咀嚼、食用。

確實考慮到尿液和糞便的問題

可愛的臀部容易沾染髒汙

只要還活著，生物就會反覆進行新陳代謝和排泄。身體即使無法靈活地自由活動，仍然還是會大小便。

兔子衰老後，可能會出現來不及到廁所，或是足腰無力不想去廁所，直接在原地大小便的情況。此外，也有兔子是因為覺得壓力大，而到處亂大小便。

這麼一來，臀部周圍的毛髮就容易沾染糞便和尿液。而且因為小便時的力氣減弱，大腿內側也會頻繁沾到尿液。像這樣臀部周圍沾得到處都溼答答的，兔子自己也會感到不舒服。

放著沾染的尿液不管的話，兔子的毛髮會染上尿液的顏色，這個現象稱為尿灼傷。若長時間處於尿灼傷的狀態，會促使細菌大量繁殖，進而引起皮膚疾病。例如，因尿液導致的溼性皮膚炎（P66），就是老年兔中常見的疾病。

如果兔子處於臥床不起或是接近長期躺著的狀態，飼主還得擔心牠們會長褥瘡。而且長時間讓

無論是糞便還是尿液，都是來自於可愛的兔子。

兔子待在排泄物上的話，也會損害兔子的心理健康。

與糞便、尿液和平相處

在事態尚未發展到那種程度前，希望飼主確實幫兔子清理乾淨。尤其是盲腸便，既柔軟又容易沾黏，完全是個難纏的敵人。所以飼主要留意兔子大盲腸便的時段，並在那段時間查看有沒有吃剩的盲腸便，以及臀部和腿部是否有沾黏糞便。

此外，也有很多兔子因為腹部肌肉的退化，出現頻尿的情況。之後會介紹清潔兔子臀部的方法，但在生活環境上下點工夫也是一種方式，例如選用表面凹凸不平的地墊，避免兔子在睡覺時整個身體都貼在墊子上。

糞便和尿液同時也是了解兔子健康狀態的一種方式。在幫兔子清理乾淨時，請不要忘記查看是否有哪裡和平時不同。

生活的變化 喜歡乾淨？

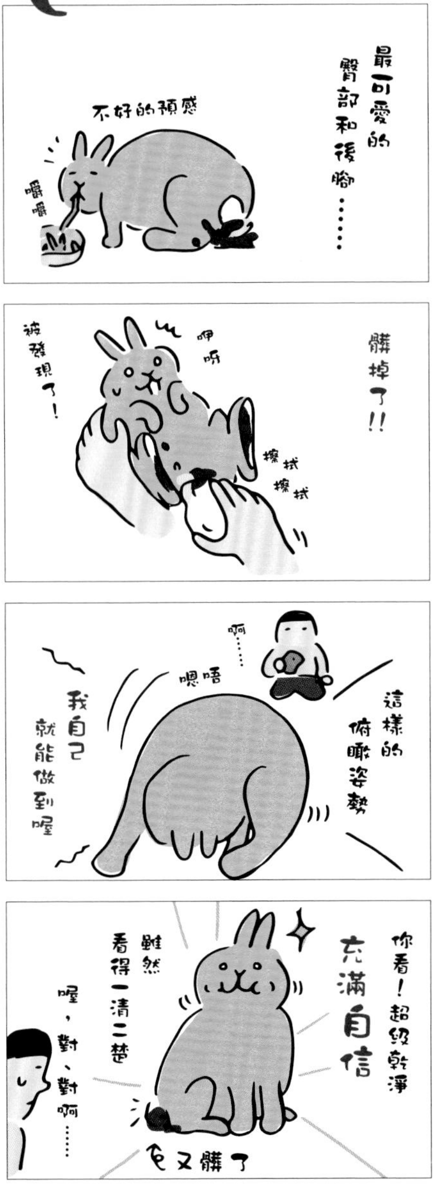

透過平時的毛髮梳理 讓臀部周圍更加舒適

企劃協力：ハウスオブラビット

兔子也想要乾淨的臀部

梳理毛髮的次數減少，也是老年兔的特徵之一。所以比起兔子年輕時，飼主幫忙梳毛這件事在老年顯得更為重要。可能因為是平常看不太清楚的部位，飼主往往會忽略臀部的護理。有時糞便和毛球會在臀部結成一塊一塊，就連交給專業人士，也要花上數小時才能梳理乾淨。

兔子每天都會大便，但在上了年紀後，因為行動不便難以吃盲腸便，可能會導致盲腸便還黏在臀部上就又大新的糞便，看起來就像是坐墊一樣。因此，與其因為情況惡化到太過棘手而感到困擾，不如時常幫兔子進行臀部護理。

此外，有些兔子專賣店經常會舉辦梳理毛髮以及護理講座，飼主也可以直接到這些地方學習護理的知識，並實際在家運用。

可以在家護理就代表不用帶兔子出門也能完成。因此可以延長每天的交流時間，對兔子來說也能減少些許負擔。

確認臀部

身體朝上確認

飼主想要確認兔子臀部的髒汙時，最好的方式是將兔子翻過來查看。建議從兔子健康時就讓牠們習慣身體朝上被抱著。

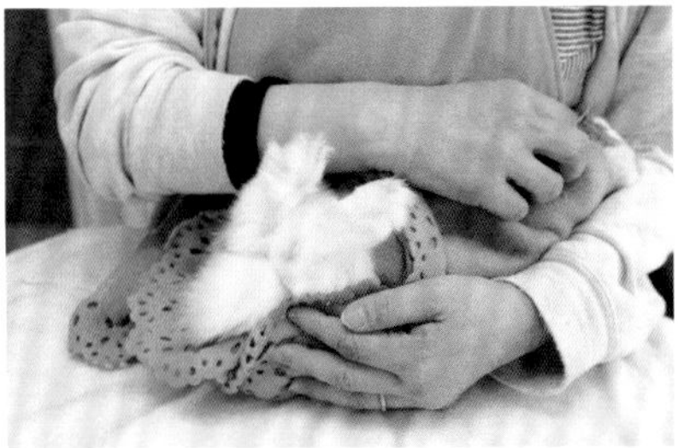

以布包裹後確認

遇到兔子完全無法老實配合的情況時，可將兔子放在大塊的布上後整隻包起來，只露出頭部，讓腳無法動彈。維持這個模樣翻身、確認。

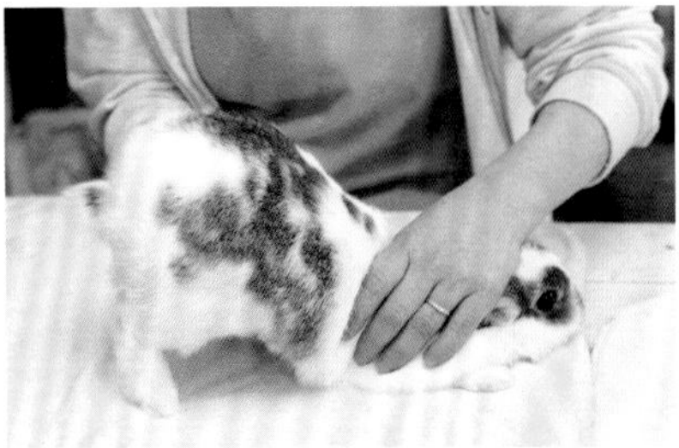

抬起來確認

如果沒辦法讓兔子仰躺，可以輕壓兔子的上半身後，手掌從腹部下方輕輕地將兔子的下半身往上托高，以查看兔子的臀部。

清除結塊的髒汙

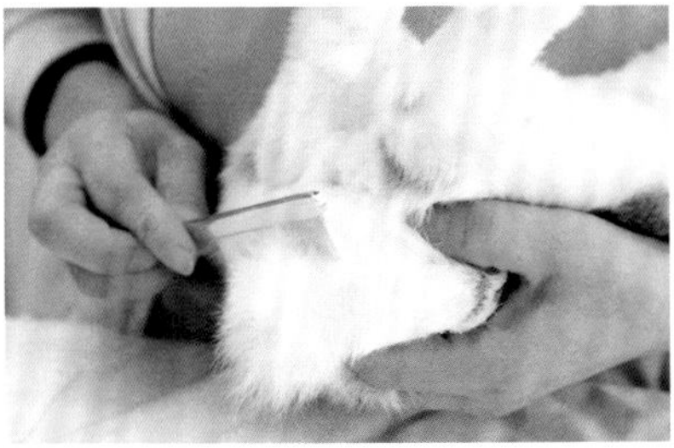

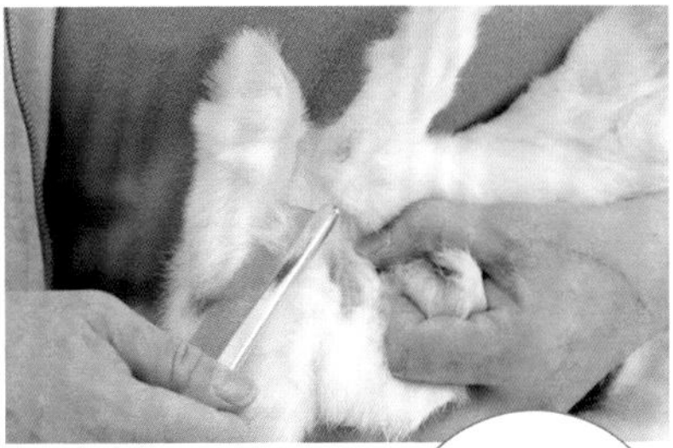

1 以梳子輕輕地清除汙垢，並找出結塊的毛髮。利用梳子的前端輕拍結塊處，慢慢地使體毛浮出來。

POINT
不要勉強
梳開
打結的毛髮。

2 除了後腳的大腿處容易沾染髒汙和形成毛球外，尾巴也會藏有糞便。請依照步驟 1 的方式，將尾巴處理乾淨。

兔子無法仰躺時

在坐著或躺著的狀態下，還是可以用梳子梳理。若有無法清除的髒汙或毛球，可找店家等商量。

出現尿灼傷等情況時的臀部周圍護理

企劃協力：ペッツクラブ

盡量減少洗澡時的壓力

健康的兔子並不需要洗澡。但如果因為足腰退化，導致出現尿灼傷等狀況時，飼主就必須幫兔子清洗臀部。

就如大家所知道的，兔子非常害怕洗澡，所以在幫兔子清洗時，要多加留意，盡量不要造成兔子的壓力。例如，要選用對兔子身體溫和的洗毛精，而且要事前先準備好工具，盡可能縮短洗澡的時間，一般最好是在3到5分鐘結束。

在飼主的膝蓋上清理兔子的臀部

左頁介紹的是在飼主膝蓋上進行的洗澡方式。清洗時要將兔子臉部朝上抱著，並以腋下確實支撐兔子的頭部。以這種方式洗澡時，膝蓋上的寵物尿布墊會吸收洗掉髒汙的熱水。

此外，建議在遇到難以清洗的髒汙時再使用慕斯洗毛精，普通髒汙只要用熱水沖洗即可。可將熱水放入容器中保溫、使用，避免熱水冷卻。

這個瓶子是pet's-club（P159）的原創商品。只要用擠壓的方式就可以調節熱水量，並將熱水倒在目標處。

PANAZOO的慕斯洗毛精不需沖水。沖洗的話清潔效果會更好，但就算洗到一半兔子就不願意繼續也沒關係，所以可以放心使用。

也有可以替代熱水的除菌液（照片中的是也可以用於梳理毛髮的Pure science）。相較於熱水更容易清洗髒汙，兔子舔食也不會發生安全問題。

放在膝蓋上的臀部清洗

準備用具

慕斯型洗毛精
寬版型寵物尿布墊
裝有約40℃溫水的清洗瓶
面紙
吹風機
美容噴霧

1 將寵物尿布墊鋪在膝蓋上，抱著兔子。只要像圖中一樣，將尿布墊摺起來，兔子的身體就不會沾溼。

2 將兔子的正面朝上，將裝入清洗瓶的熱水淋在臀部周邊。以熱水浸泡糞便或結塊的毛髮。

3 待汙垢浮出來後，以面紙擦拭乾淨。不要用力搓揉，而是以將汙垢轉移到面紙上的感覺來擦拭。

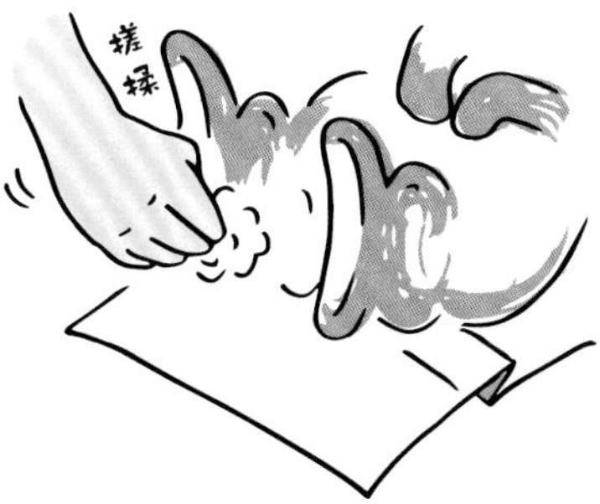

4 將慕斯型洗毛精淋在臀部周圍，輕柔地搓出泡泡。以面紙擦拭浮出來的髒汙。

POINT
擦拭水分時，如果面紙還有擦到髒汙的話，請再清洗一次。

5 以瓶子中的熱水清洗乾淨後，拿面紙擦乾。利用吹風機完全吹乾，最後再噴上美容噴霧。

不能仰躺時的居家臀部護理

企劃協力：ココロのおうち

沒辦法仰躺！這種時候……

以下介紹兩個在沒辦法抱著兔子清洗臀部時的護理方法。因為所需的範圍比較大，避免熱水四濺時感到驚慌失措，請在寬廣的地方進行。

如果兔子的臀部每天都會弄髒的話，最好是每天都清洗。或許飼主會覺得這樣很辛苦，但頻繁地護理，有助於輕鬆清洗髒汙。以下護理方法不追求完美，大概清理乾淨即可，建議時間為5到10分鐘。請務必試著抓住訣竅，挑戰最短時間。

剪掉臀部周圍的毛髮

為了讓護理兔子臀部更加輕鬆，還有一種方法是剪掉臀部周圍的毛髮。但這個部位的毛髮長得很快，很容易將皮膚誤以為是毛髮，所以如果是要在家自己修剪的話，需要一定的技術。建議直接交給兔子專賣店等處的專業人員。在專業人員幫忙修剪毛髮時，可以同時和他們討論關於護理的事情。

兔子臀部護理也是健康管理的一環。

利用3個洗臉盆來清洗臀部

準備用具

塑膠布
浴巾數條
3個大型臉盆
廚房紙巾（柔軟型）

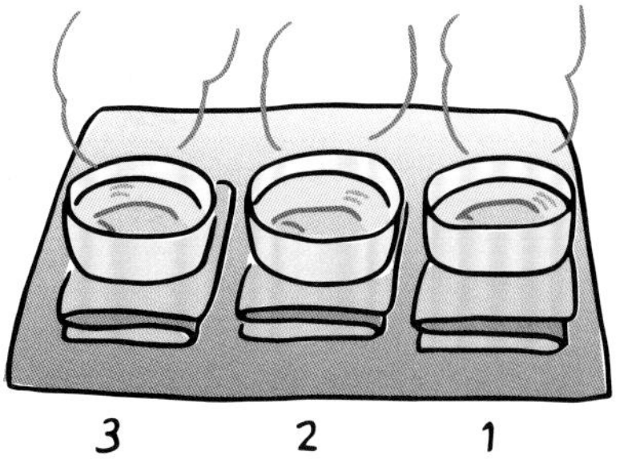

1 將塑膠布鋪在地板上，以防漏水。在塑膠布上鋪上浴巾，並排放置3個裝有約40℃熱水的臉盆。

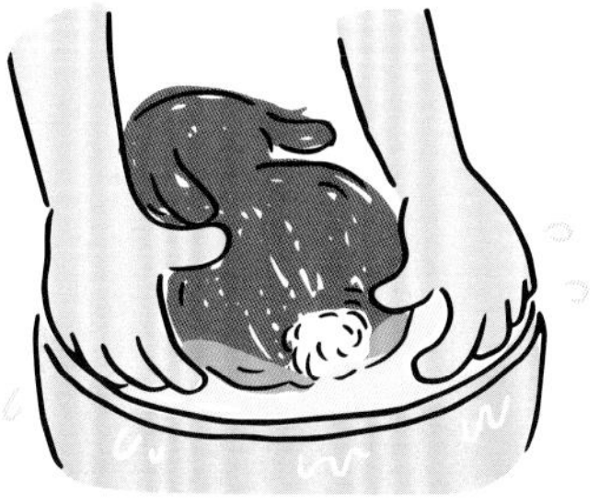

2 將兔子帶過來。先將兔子的臀部浸泡在第一個臉盆，一邊搓掉髒汙一邊清洗。熱水濺到外面也無妨。

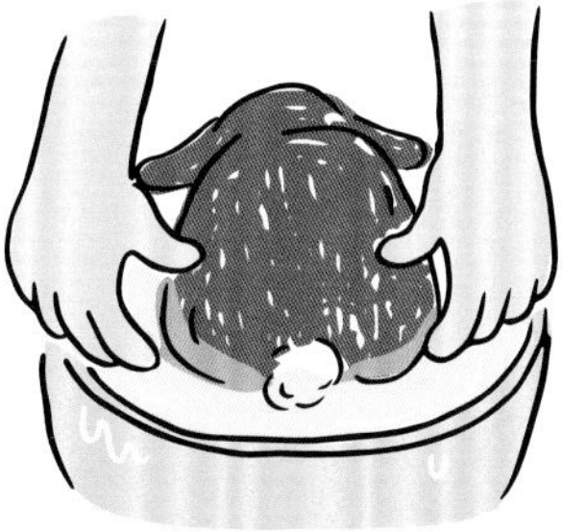

3 第一個臉盆中的熱水髒掉後，迅速將兔子移到第二個臉盆。將臀部的毛撥開清洗。過程中也可以用廚房紙巾擦掉髒汙。

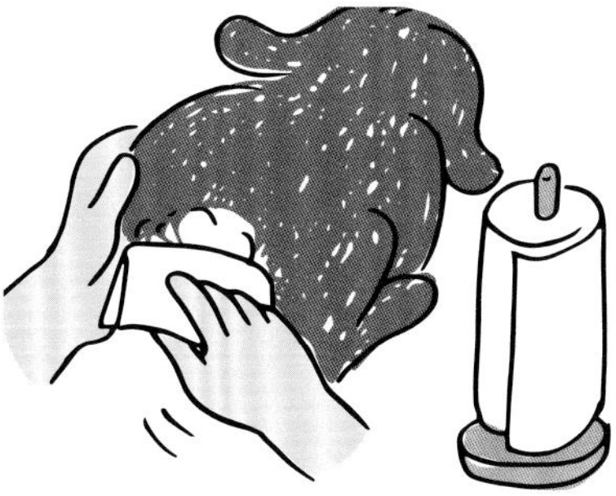

4 最後將兔子移到第三個臉盆，將汙垢清洗乾淨。以廚房紙巾仔細地將兔子擦乾。

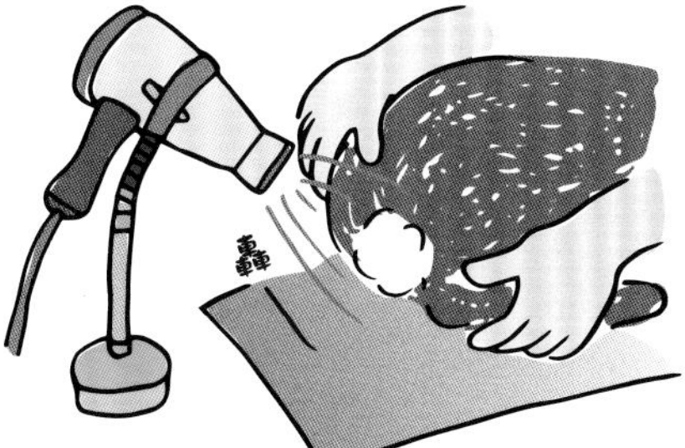

5 清洗完成後，以吹風機徹底吹乾。如果有直立式的吹風機支架，就能空出雙手，相當方便。

使用外出籠的臀部清洗

POINT
有其他人能幫忙時，
可以將上方的
門稍微打開一點，
摸摸兔子的頭，
撫平牠的焦慮感。

這裡是用三晃商會販售的輕型兔籠來介紹護理的方法。

準備用具

鐵網型的外出籠
浴巾
裝有約40℃溫水的清洗瓶
寬版型寵物尿布墊
廚房紙巾
吹風機

1 拆除塑膠籠底的部分，將籠子放在寵物尿布墊上。浴巾折成甜甜圈狀放入籠子中。

2 將兔子放入籠子中，以浴巾固定。輕輕地將尾巴抬高，同時將清洗瓶的熱水淋在兩腿之間，使汙垢浸泡在水裡。

3 待髒汙浮出後，以廚房紙巾擦拭。紙巾上如果還有髒汙，就再淋一次熱水。

4 將臀部擦乾後，以吹風機吹乾。後面的部分吹乾後，如圖中所示，將籠子放在平台上，這樣就能從下方吹乾。

尿布的活用法

如果飼主時常外出，兔子又臥病在床的話，
幫兔子包尿布也是一種解決的方式。
建議1天替換4次左右，
避免兔子長尿布疹。

企劃協力：pet's-club

1 將兔子抱到膝蓋上，沿著兔子的後腳穿上尿布，並確實貼好。

2 兩邊的皺褶要先確實拉開，以防止漏尿。

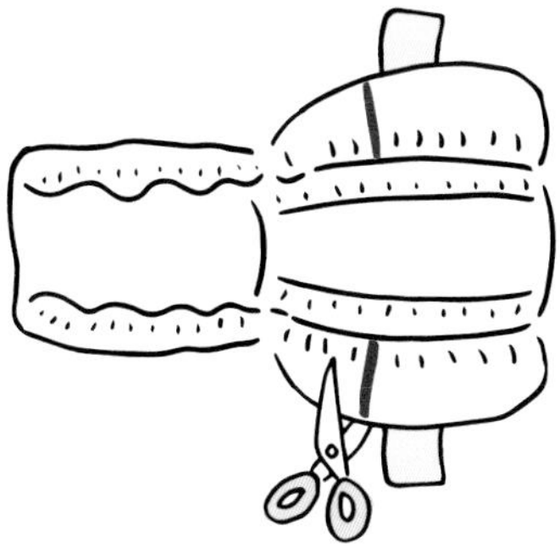

小嬰兒用的尿布

選用尺寸比新生兒還要小的嬰兒用尿布，才能適用於兔子。幫兔子穿尿布時，要剪開如圖片的標示處，以符合兔子的後腳形狀。

POINT
在兔子大出盲腸便時可以將尿布脫掉，讓兔子吃殘留在尿布上的盲腸便。

column

保護兔子的裙子

在護理小梅的過程中，設計出了「人魚兔」。

有些因為下半身痲痺臥床不起的兔子會啃咬自己的後腿。因此，有人設計了一種避免嘴巴碰到後腳，名叫「人魚兔」的護理用「裙子」。此裙子可和尿布搭配使用。

https://www.pets-club.net/user_data/care50.php

Q

為什麼兔子年老後會噴尿？

A

噴尿是一種占地盤的行為。除了進入青春期外，環境上的改變也常常會成為噴尿的契機，例如置身的地方或家庭人員發生變化等。其實換個角度來看，這個行為也可以證明，兔子還很年輕有活力。

Q

連一般的大便都會吃，這樣沒問題嗎？

A

不光是老年兔，年輕的兔子也常常會吃一般的大便。只要不是因為失智症導致不知道該吃什麼大便的話，就沒關係。順帶一提，相較於盲腸便，一般大便的纖維質較多，但蛋白質含量較少。

Q

盲腸便和軟便有什麼不同？要如何分辨？

A

盲腸便是由又小又軟的顆粒大便組成的葡萄串，大小約2～3㎝。軟便則有各種模樣，例如形狀和一般大便相同，摸起來軟軟的、好幾個黏在一起或是沒有呈圓狀等。

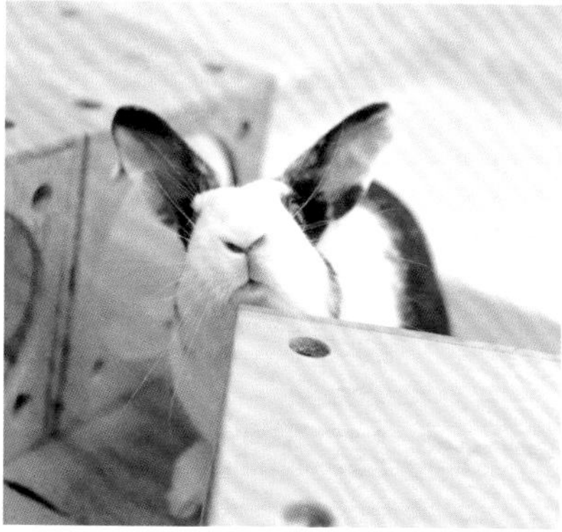

Q

變得沒辦法自己喝水
該怎麼辦？

A

請留意，兔子「無法自己喝水並不等於不需要水分」。可以調整給水器的位置，並確認給水器是否有確實供水，或是直接倒在盤子中。如果兔子習慣從食物攝取的話，要給予足夠的蔬菜。此外，也可以用針筒餵水。

Q

為什麼到換毛期
卻沒有換毛？？

A

沒有換毛也和代謝變差有關。即使看起來沒什麼掉毛，但只要以梳子輕輕梳理，也能達到換毛的效果。

Q

飼養新的兔子
有什麼需要注意的嗎？

A

新飼養的兔子總是會像「新偶像登場」般受大家疼愛，導致老年兔覺得自己受到冷落。因此在照顧好新兔子的同時，也要依偎在老年兔旁告訴牠我們永遠都愛你。

何謂掌握兔子整體的全人照護

心理、身體、環境、生命全部都是相連在一起

全人照護（Holistic Health Care）中的Holistic意為「整體性」。以兔子來說，身體、心理（性格和感情等）、環境（飼養環境、與飼主的關係等），以及傳承、延續到身上的生命，全都是相互連接無法分開的。將這些「當作一個整體」就是全人照護的思考方式。

在全人照護中，所謂的健康是，身、心、環境皆處於良好和諧的狀態。重點在於，不只是治療生病的地方，而是要從日常生活改善整體的平衡，提高自然治癒力，打造不易生病的身體和心理。

按摩、香草等各種替代療法

替代療法是指不屬於常規西醫的療法（也稱作全人醫療、全人整體性照護）。寵物的替代療法包括下列幾種。

按摩：撫摸或搓揉皮毛，以刺激皮膚。

T Touch：在兔子皮膚上以畫圓

隨著長壽兔的增加，全人照護愈加受到大眾關注。

的方式觸摸，活化大腦神經迴路。

針灸：以專用針刺激穴位或是利用艾灸給予溫熱的刺激。

香草：提供有藥效的藥草給兔子食用。要確認香草的種類是否安全，且不要過度餵食。

營養補充品：保健食品。提供具有抗氧化作用的營養補充品等。

巴哈花精：使用將植物的能量轉移到水中所製成的液體。用於精神和情感層面。

芳香療法：將從植物中提取到的精油稀釋後，用於吸入或按摩。此療法的禁忌較多，需要多加留意。

巧妙地與全人照護相處

目前有愈來愈多人對將注意力放在，結合西醫和替代療法的醫療模式——「整合醫學」。

有時會出現，明明西醫治療的時機成熟，但因為只依賴替代療法，導致錯失治療良機的問題。為了避免這種情況，建議平常以健康管理的全人照護為主，生病時則是依照西醫，確實進行治療。最好的方式是，前往積極採取整合醫學的動物醫院進行諮詢。

column

以按摩來「療癒」

按摩是一種透過撫摸、搓揉來刺激皮膚，促進血液和淋巴循環，提高神經和肌肉機能的動作。也可以作為居家溝通或檢查健康的方式。相信很多人都有內心感到不安的時候，親近的人將手放在身上後，感到鬆了一口氣的經驗。兔子也是如此，因此，請飼主務必讓兔子的身心都能得到放鬆。

兔子讀物

老年兔與防災

大野瑞繪

沒有人知道自然災害會在何時何地發生。所以無論兔子的年齡大小，都必須做好應對災害的準備工作。其中也要考慮到老年兔必須留意的問題。

看護用品的儲備是否充足？考慮到物品的流通會因為災害而停止，因此平常就要養成購買儲備品的習慣。

儲備水資源也很重要，因為即使可以待在家裡不用避難，維生管線還是有可能會中斷。而且製作兔子的軟質食也需要用到水。

對於老年兔來說，環境的變化會造成很大的壓力，儘管如此，收到緊急避難通知後，所有人都還是得前往避難。即使是允許一同或陪同避難的避難所，也不能保證會在同一個房間。因此，請預先找到可以暫時寄放兔子的地方等，盡量不要造成兔子的負擔。

在寄放兔子時，也要告知對方醫療相關的資訊，例如慢性病、家庭動物醫院、常備的藥品等。

此外，飼主外出的時候可能會發生大地震。物品倒塌的聲音對兔子來說是很大的精神打擊，而且如果倒塌的物品撞到兔籠就糟了。所以也要檢查一下家具等的安全措施。

自然災害難免會導致沒辦法如往常一樣飼養和護理兔子，但還是要盡可能地先準備好。

CHAPTER

5

為了將來臨終陪伴的日子

積極做好臨終準備，鋪設通往月球的道路

臨終準備從什麼時候開始？要做什麼？

比起真的要離別時才開始進行臨終準備，從遠遠還不到離別的時候開始著手會比較好。

首先要考慮的是墳墓，如果是寵物墓園，建議找交通方便、風景優美的地方。同時也要確認金額等細節，選擇自己可以接受的方式。

也要事先考慮好治療要做到什麼程度以及看護的問題。經濟上的負擔可能會增加，所以最好也做好財務方面的準備。

只要確實考慮好後，之後就能輕鬆面對

臨終準備除了有助於安心地陪伴兔子的晚年，也是為了做好準備，接受生命總有一天會結束的事實。

有些人會將兔子去世稱為「回去月球」。兔子的臨終準備，或許可以說是用來告訴牠們如何回去、要從哪裡回去月球。

偶爾花點時間仔細考慮臨終準備的事宜，剩下的就是和兔子一起創造許多快樂回憶。

月亮是既美麗又溫柔，照亮整個夜空但不抬頭就看不到的存在。

兔子的臨終準備筆記

年　　月　　日

一起製作兔子的臨終準備筆記吧！偶爾要重新檢視並更新內容。

兔子的基本資訊

名字及其由來、生日、飼養的日子、如何相遇等

兔子「個人史」

什麼時候發生了什麼事、創造了什麼樣的回憶等，也可以製作成年表

醫療相關

至今得過的疾病、慢性病、吃過的藥
如果罹患重病要治療到什麼程度
家庭醫院的資訊
遇到家庭醫院休診等情況時的備用醫院資訊
有保寵物保險的話，也要記錄保險的資訊

護理相關

需要什麼樣的護理？
如果有護理相關的資訊，請更新、記錄

葬禮

如何離別？（葬在院子裡、火葬）
決定好哪裡的墓園？
骨灰是要建墳墓埋葬，還是放在家供奉？

遺照

選擇最有兔子風格的一張照片

寄放的地方

遇到不在家等情況時可以寄養的地方
自己發生什麼事時，可以放心地將兔子交給他的人

治療與否
安樂死也是一種選擇

重要的是，要與值得信賴的獸醫討論到自己可以接受為止。

就連老年兔的治療選項也有增加

老年兔與疾病的關係中有多種情況，例如抱著慢性病老去、老年後生病，或是沒有罹患什麼特殊疾病地逐漸年老。

過去當兔子長到一定的歲數後，最後都別無選擇，只能說服自己「兔子已經上了年紀，也沒其他辦法」。但隨著動物醫療的進步，現在有些動物醫院已經可以替老年兔提供完善的治療。

如果是能夠治療的疾病，一般會有多個選項可供選擇，例如要完全治癒，還是只改善會造成兔子的生活品質下降的症狀，或是不積極治療等。

多方考慮後再選擇

如果選擇積極治療，就必須詢問獸醫相關的問題，並做綜合性的考量。例如治療可以讓兔子的壽命延長多少、兔子的負擔（檢查、治療、住院等）、飼主的負擔（就診的頻率、在家護理所需的時間、醫療費等）。

若是不打算積極治療或是疾病無法治癒的情況，可以接受緩和

column

不要將「安樂死」視為禁忌

即使兔子得了重病，難以治療，飼主也會希望多活1天或1個小時也好，但這樣的想法可能會延長兔子痛苦。

比起日本，在歐美國家寵物安樂死的情況更為常見，這個決定是為了讓寵物從更多的痛苦中解放。反觀，日本人大多會希望寵物可以活得更久一點，因此包括兔子在內，寵物安樂死並不普遍。

無論選擇安樂死與否，都不能斷定哪一種是正確的，而且他人也沒有資格批評飼主選擇的道路。如果這是飼主仔細考慮後，覺得對兔子最好的方式，那兔子就會連同飼主的愛一起接受。

疼痛等症狀的治療，或是改善飲食和環境，重點在於要同時維持生活品質。此外，也可以選擇「只要兔子還能自己吃飯，就採取積極治療」的方式。

在考慮要治療到什麼程度時，如果兔子在接受治療後仍會長期陷入痛苦狀態，獸醫可能會提出「安樂死」的選項（每位獸醫對於安樂死的看法皆不相同）。所謂的安樂死是以人為的方式讓兔子迎接死亡，避免過度進行延命治療而延長痛苦。動物醫院在進行安樂死時，會使用高濃度的麻醉藥，所以兔子離世時不會有任何難受的感覺。

飼主的決定是「正確解答」

決定怎麼做既是身為飼主的責任，同時也是飼主對兔子的愛。

每個人的生死觀和對動物的想法都不一樣，所以沒有所謂的正確選擇。非得要說的話，飼主在仔細思考哪一種做法對兔子來說比較好後，所做出的選擇就是正確答案。

只要相信自己的選擇，並堅定地面對兔子，兔子也就能放下心來。

為了能在分別時說出「謝謝」的臨終陪伴

與兔子一起度過的最後幸福日子

臨終陪伴是和即將離別的兔子一起度過的最後時期。

兔子的壽命有限，一旦到了盡頭，牠們就會離開這個世界，這是只能接受、無法違背的現實。

兔子的長壽，給予了飼主可以一起度過的珍貴時光，以及最後無法替代的護理時間。

飼主之後回想起來時，應該會覺得這段時間是非常幸福的日子吧！

在哪裡對兔子來說才是幸福？

住院後臨近離別的日子時，可以選擇繼續住院或是將兔子帶回家。在醫護人員竭盡全力地幫助下離世是一種方式；將兔子帶回家，在熟悉的環境中，像往常一樣在家人的陪伴下度過最後的日子，也是一種幸福。

請仔細思考，想像怎麼做兔子才會感到幸福後再決定。

回報得到的安慰

如果兔子喜歡被撫摸，就多摸摸牠，以回報至今從牠身上獲得的安慰。如果兔子不喜歡撫摸，則可以改成告訴牠：「我最喜歡你了。」

逐步做好心理準備

慢慢地做好心理準備，像是重新檢視臨終準備筆記，或是仰望月亮想著：「兔子差不多要去那裡了。」

日常生活也很重要

在為兔子著想的同時，也要好好地度過自己每天的生活。不管你在做什麼，心情都會傳達給兔子。

決定臨終陪伴的地方

即使是在住院，臨近最後一天時，也可以在家進行臨終陪伴。請選擇對兔子來說最好的方式。

開朗說話的同時也要做好心理準備

兔子可能會出現吃不下東西、一直睡覺或是難以活動身體的情況。或許會有飼主一想到馬上就要說再見就會忍不住流下淚水。但應該也有很多兔子會感受到飼主的心情，所以可以的話，還是希望飼主面帶笑容，以開朗的聲音跟兔子說話。在這過程中，也請飼主要做好兔子離世的心理準備。

接受獨自生活

有些人會睡在籠子旁，以便隨時應對可能會發生的事情；有的人會在工作中或上課時忍不住擔心兔子；還有人會因為焦慮和悲傷而沒有食慾。無論是即將與兔子分別，以及自己在失去兔子後仍舊得繼續過著社會生活，兩者都是必須面對的現實，所以請不要勉強，務必要好好地生活。

傳達感謝之意後道別

如果是全家一起養的兔子，可以大家一起臨終陪伴，與兔子道別。臨終時，有些兔子會靜靜地斷氣，有些兔子則會痛苦地死去。即使是後者，也不是任何人的錯，請抱著兔子終於可以擺脫病痛的心情來與牠告別。

世上有許多兔子和養兔子的人，眼前的兔子是在這樣的情況下，因為某種緣分來到自己身邊。所以，請在最後向牠傳達

也有直到臨終都還是很努力吃飯的兔子。可能是為了不要讓飼主擔心吧？

生活的變化 在離世前

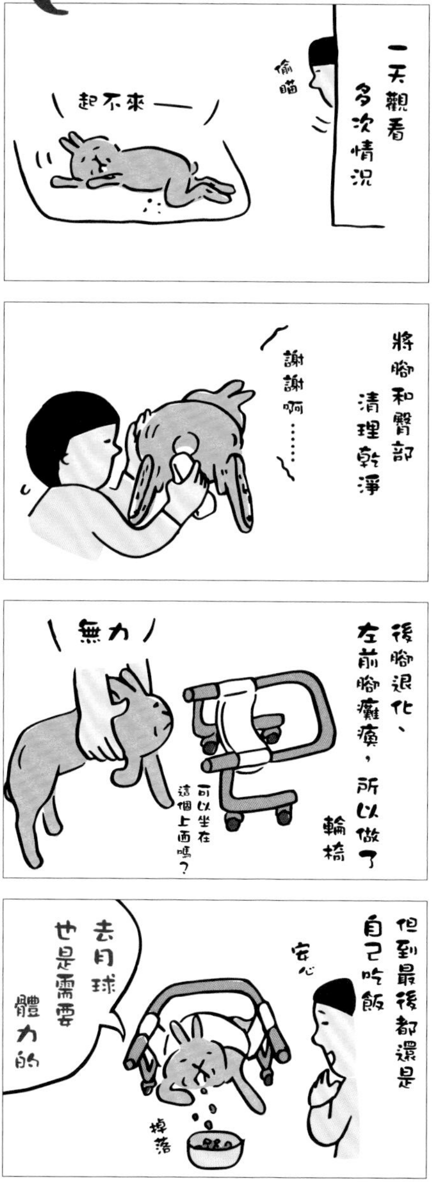
一天觀看多次情況
偷瞄
起不來
將腳和臀部清理乾淨
謝謝啊……
後腳退化、左前腳癱瘓，所以做了輪椅
無力
可以坐在這個上面嗎？
但到最後都還是自己吃飯
安心
去月球也是需要體力的
掉落

「謝謝」並與牠告別。

根據情況，兔子可能是在飼主因為工作等理由無法陪在自己身邊時離世，或是在睡覺中嚥氣。

但是飼主不要認為「自己讓兔子孤單離開」。畢竟兔子一定知道飼主有多愛自己，所以並不會因為這種事而生氣或傷心。

和兔子一起度過寶貴的時間

臨終陪伴的每一天，同時也是不知道何時會分別的日子。一起度過的每分每刻都是無可替代的寶物，因此，請每天都告訴兔子：「最喜歡你了。」

與兔子說再見的日子總有一天會到來

替兔子送終

當那天來臨時……

儘管兔子與病魔糾纏到最後一刻，有些飼主還是有可能埋頭尋找「為什麼是今天？」這種找不到答案的問題，沒辦法立刻轉換情緒，坦然地替兔子送終，告訴牠：「你很努力了呢！」如果兔子是突然生病的話，飼主也許會感到更自責，怪自己沒有為兔子做更多的事。

觸摸兔子的身體時，手掌傳來的溫暖就像睡著一樣，但仍然無法改變「離別」來臨的事實。

兔子嚥氣後，身體會開始慢慢地變得僵硬。這時飼主務必將兔子移到毛巾或布上躺好，並在肌肉僵硬前闔上兔子的眼睛，調整身體的姿勢，讓牠看起來像是「我家孩子」的樣子。

如果有液體從身體流出，要用紗布之類的器具輕輕擦拭，同時也將毛髮整理乾淨。並以保冷劑等保冷器材冷卻兔子的腹部周圍，以避免傷口持續惡化。

願心愛的兔子能安然入睡……

如果兔子的眼睛是張開的，就幫牠闔上眼睛吧！讓面容看起來是安詳的。

把兔子放在乾淨的布或是毛巾上後，將身體姿勢調整成像是「我家孩子」的睡姿。

送終的建議

也可以一起度過一晚

在火葬或埋葬之前，一起度過離別的時間。在社群網站告知兔子去世的消息，可能會讓自己更難過，建議一開始先告訴親近的人就好。

為兔子製作棺材

讓兔子躺在足夠伸展四隻腳的箱子裡，裝飾牠過去喜歡的東西或鮮花。如果離葬禮還有一段時間，還要放入保冷劑。

痛哭一場

因為飼主的眼淚不會打擾到兔子的睡眠，這時候不必忍耐，可以直接哭出來。

整理兔籠

整理兔子的籠子等遺物是一件非常難受的事情。不想整理時，可以蓋上乾淨的布後，再慢慢地考慮要如何處理。

關於葬禮和墳墓等的寵物葬禮

以火葬送終，並舉行告別儀式

現在專門處理寵物後世的葬儀社相當普遍，而且最近也增加許多處理兔子事宜的地方。

每間葬儀社都會提供幾種寵物葬禮的方案，例如承包火化到埋葬所有大小事的聯合火化、包含燒香時間的個別火化等。其中也有讓人無法信任的葬儀社，所以要多注意價格是否過低，或是說明是不是不夠清楚。

不同的方案，費用上也會有差異，建議事前先了解市場行情。

埋葬在庭院前的須知事項

若家裡有庭院，也可以選擇將兔子埋葬在庭院中，如此就能隨時前往掃墓。

如果打算不火化直接埋葬，必須留意的是，墳墓要盡量挖深一點，避免屍體被大雨沖刷，或是遭到闖入院子的流浪貓踩躪。也有很多人為了紀念兔子，會在墳墓種植花草樹木。

兔子身上有皮毛，所以得花一段時間才能被土壤分解。為了避免外在的因素打擾兔子安眠，墳墓要盡量挖深一點。

寵物葬禮的流程

預約、諮詢

聯絡事先找好的葬儀社。預約時要先詢問零食或鮮花等是否可以一起火化。

▼

迎接

有些葬儀社有到府接送兔子的服務。若需要移動式火化車，請確認火化地點，並考慮到附近的住家。

▼

葬禮

根據個人火化的方案，還會在寺廟進行唸經或燒香等。可以和家人、朋友一起分享告別的時刻。

▼

齋場火化（聯合火化）

與其他寵物一起聯合火化，可以為同為失去寵物的人分擔悲傷，也能節省費用。但沒有幫忙送還骨灰和將骨灰分別安葬的服務。

齋場火化（個人火化）

飼主可以參與火化，進行撿骨，也可以將火化和撿骨一併委託給葬儀社。選擇後者依然有幫忙送還骨灰的服務。

▼

安葬在墓地

個人墓地的費用較高，但可以建造專用的墳墓。如果是公共墓的話，因為祭祀和管理皆交給管理員處理，價格會比較低廉。

安置於靈骨塔

靈骨塔是存放骨灰的地方。一棟靈骨塔裡會有許放置骨灰的空間。有些人會將這裡當作在決定好墳墓位置前，先暫時安置骨灰的場所。

在家祭祀

將骨灰罈帶回家時，葬儀社大多都會將骨灰裝入骨灰袋中。可以直接擺在房間裡，在周圍裝飾照片等物品，營造出祭祀的空間。

紀念物 今後也會永遠在一起

以幸福的模樣保存與兔子的回憶

為兔子送終是一件非常悲傷的事情，不過在與兔子一起度過的日子裡，有許多比失去的傷心還要更快樂、更幸福的回憶。

例如，兔子過去經常生活的房間是充滿幸福回憶的地方，而不是讓人傷心的空間。此外，也不要將兔子每月的忌日和「我家兔子的紀念日」等充滿與兔子回憶的節日視為悲傷的日子，而是要覺得那是個溫暖人心的一天。

即便知道會如此，但每當想起過去的點點滴滴仍忍不住流淚，這是因為悲傷需要一段時間才有辦法撫平。只能一步一步地以自己的節奏，讓回憶重回幸福的模樣。

懷抱兔子的回憶

失戀時，最好的恢復方式可能是「遺忘」，但相信大家都沒辦法忘記兔子。這種以寄託於悲傷的方式留存下來的物品，不就證明了飼主不變的愛嗎？

這是《兔子時間》收到的照片。七助在10歲時踏上前往月球旅程，現在他的照片被裝飾地相當花俏。

紀念物建議

也可以建造佛壇

市面上也有販售寵物用的佛壇。幫兔子建造新的房子，就能成為飼主情緒上的歸宿。

在紀念日時懷念牠

在兔子每月忌日、死後第四十九日、一周年忌日的生日以及「我家兔子紀念日」等日子裝飾鮮花，準備兔子以前喜歡的食物。

隨時都可以說話

可以將之前拍攝的大量兔子照裝飾在房間裡，或者放在手機中隨時翻看。就算現在看不到兔子了，也要好好地保存照片。

將骨灰放入吊墜盒裡

有些葬儀社會提供骨灰分別安葬的服務。如果將骨灰裝在小盒子裡隨身攜帶，就能近距離感受到兔子。

想告訴陷入喪失寵物症候群的你

陷入喪失寵物症候群時……

在兔子離世後的一週左右，有許多飼主會呈現精神亢奮的狀態，沒有失去的實感。在接連度過不用準備兔子的飲食、不用清掃兔籠的日子，面對「總是待在那裡的兔子已經不在了」的事實後，某天內心會突然湧出失落感。

陷入喪失寵物症候群，絕不是因為飼主是弱者，也不是因為以往總是習慣依賴兔子的關係。請不要壓抑這種心情，若是用「我沒事」來掩蓋自己的感情，飼主的精神可能會崩潰。

後悔可能會加劇悲痛

飼主的內心固然也有一起相處的日常已經回不去的寂寞感，但同時也有強烈的後悔感，覺得：「那時候要是這樣就好了。」無論兔子最後是如何離開的，內心都會出現這種情緒。因此，希望飼主千萬不要責備自己。

畢竟兔子非常清楚，你在牠身上花費了多少心思。

失落感大多都是在兔子離世後過幾天才會出現。

column

察覺家人的悲痛

家中如果有人陷入喪失寵物症候群的話，請務必要幫助他。有些人可能會因為過於悲傷，影響到日常生活，甚至引發憂鬱症。

在照顧兔子上花費最多心力的人，愈容易陷入喪失寵物症候群。如果家人因為兔子過世感到悲痛欲絕，可以為他準備熱飲，和他聊聊兔子的話題。與親近的人分享悲傷，對內心受傷的人來說是最好的幫助。

開口聊聊失去的兔子

當被後悔的情緒壓得快喘不過氣時，請回想起那些關心自家兔子的人，那些每次見面都會問說：「兔子過得怎麼樣？」並表示想看兔子照片的人。

接著請約那個人見面。面對面見面後，讓對方問自己兔子的事情。這時就可以告訴他接回兔子時的事、兔子生病的事、愈來愈親近自己、兔子惡作劇很困擾、兔子愈來愈年老，還有送終的時候……

像這樣將兔子的事情說出口，有助於面對失去兔子的悲痛。

說是面對，聽起來好像是好事，但畢竟那是極度的悲傷，所以一定要有說話的對象。不過，就是要體會過那種深切的傷痛，才有辦法從喪失寵物症候群中走出來。

關於飼養新的兔子

在替兔子送終後，應該也有人會對飼主表示：「要不要再養新的兔子？」

這時候有些人可能會覺得「誰都無法代替那孩子」、「會很對不起那孩子」。

但是，就像飼主希望兔子幸福一樣，兔子同樣也會希望飼主幸福。所以兔子並不會認為飼主養新的兔子是在背叛牠們。

兔子留給飼主類似靈魂碎片的東西

舉例來說，可以和兔子相處融洽，以及能夠察覺到兔子生病或感到不適。這些碎片對新的兔子來說是寶藏，而且最終會由新兔子來繼承。對飼主來說，從新兔子身上看到上任兔子的碎片，是再療癒不過的事情。

以對兔子的愛為榮

有些飼主在兔子去世3年多後，還是會突然想起兔子，並流下眼淚。即使養新的兔子依然會發生一樣的情況，不過這並不奇怪。

並不是身邊所有人都可以理解喪失寵物症候群，其中甚至會有人惡意攻擊這件事。但是，飼主不能因此而感到受傷。畢竟飼主是因為深愛兔子，才會陷入喪失寵物症候群，這種心情應該不會動搖才對。

如果可以一直以對兔子的愛為榮，不就能撫平失去兔子的悲傷嗎？

那些一起度過的無可替代的日子
就如同兩朵相互依偎的花朵般
謝謝你來到我的身邊

後記

人類的壽命比兔子還要長很多，所以兔子會比人類還要先邁入年老。如果壽命長度相反的話，那事情就麻煩了，我們既不能好好地照顧兔子，也不能為牠們送終。

正因為照顧老年兔的時間是有限的，才會想珍惜一起相處的時刻。相信與老年兔面對面的時間，會留下比以往更濃重的色彩。

在這本書中，我們訪問了獸醫、兔子專賣店、兔子用品製造商以及各位飼主，並受到他們的幫助。

在採訪的過程中，有人說了這麼一句話：

「我認為老年兔是要用生命告訴我們一些事。」

兔子要告訴我們的事啊……

我們《兔子時間》也會繼續思考到底是什麼的。

兔子時間編輯部

協助店家、企業

うさぎのしっぽ

主辦春秋兩季的兔子活動「兔子祭典」。是一家兔子專賣店，也會親自策畫製作兔子的用品。代表町田修著有許多與兔子有關的書籍。此外，也致力於老年兔的護理，除了在兔子祭典舉辦講座，也會以《尾巴通訊》的名義發布訊息。除了本店外，還有惠比壽店、洗足店、柴又店、吉祥寺店與hus二子玉川店等分店。

うさぎのしっぽ横濱店
〒235-0007 奈県横浜市子区西町9-2
TEL　045-762-1232
營業時間　平日14:00～19:00
六、日及國定假日　11:00～19:00　全年無休
https://www.rabbittail.com

ココロのおうち

支持「與兔子的幸福生活」的兔子生活和護理用品專賣店。販售商品有包括獨創牧草的護理用品，以及兔子的健康手冊等相當豐富。店長森本惠美作為講師相當活躍，主要是教導飼主要如何與兔子生活以及兔子的養育方式。此外還在日本各地舉行護理講座。

ココロのおうち
〒676-0825 兵庫県高砂市阿弥陀町北池2912-1
TEL　079-446-2757
營業時間　平日15:00～18:30
六、日及國定假日　13:00～18:30　每週三、四公休
http://www.kokousa.com

ハウスオブラビット

為兔子與愛兔人士開設的「兔子全方位照護商店」。店主鷲見美紀設計的護理用品許多都已經商品化，同時也有參與兔子用品製造商的商品開發。在接受飼主諮詢的同時幫兔子梳理毛髮的服務很受飼主歡迎，也有開設小班制課程。

HOUSE OF RABBIT
〒333-0842 埼玉県川口市前川1-9-18
TEL　048-269-1194
營業時間　12:00～17:00(週六～19:00)
六、日及國定假日　10:00～17:00　每週三、四公休
http://houseofrabbit.com

ペッツクラブ

這是由被兔子的魅力所吸引，與近100隻兔子一起生活的飼養員大里美奈所開設的兔子專賣店。打著「遇到困難時就來pet's-club」的口號，並一直追求對兔子來說更好的產品。店裡也有販售老年兔的護理用品和營養補充品等，同時也會上傳護理和照護相關的影片。

pet's-club
〒225-0021 神奈川県横浜市青葉区すすき野2-6-5
TEL　045-902-3420
營業時間　平日14:00～18:00
六、日及國定假日　11:00～19:00　每週二、四公休
https://www.pets-club.net

三晃商会

推出LAKUSAPO系列（P111），為兔子的舒適度和護理兔子的飼主提供支持，有不傷腳掌的墊子和緩衝墊。也有生產許多兔子用品、適合老年兔的飼料碗和牧草架（P104）等，還有種類齊全的老年兔用顆粒飼料（P29）。
http://www.sanko-wild.com

川井

販賣許多適合老年兔住處的商品，例如溫和對待兔腳的「WARAKKO CLUB」（P102）和香蕉莖系列（P106、108）等。招牌兔籠和舒適系列（P108）相當受歡迎。零食等的種類也很豐富。
http://www.kawai-cat.com

ハリオ

以玻璃製品聞名的ハリオ也有涉足寵物用品。貓用的飼料碗「Nyanpure」（P106）雖然不是兔子用的商品，不過獲得也很適合兔子使用的評價。希望未來會推出兔子用的產品。
https://www.hario.com

ジェックス

適合老年兔的商品十分齊全，例如與便盆的高低差較小的籠子「Gex Ravingu Flat Floor 70」（P106）、從5歲開始食用的顆粒飼料（P29）等。此外，有效清掃便盆周圍和消除臭味的「Usapika」系列，對飼主來說是相當實用的商品。
http://www.gex-fp.co.jp/animal

マルカン

有許多老年兔可以參考的商品，例如空間寬敞的「輕鬆清掃的兔籠 寬B」（P102）等。也有許多想讓人買回家嘗試看看的兔用食品、零食和梳理毛髮用品等。可愛的陶製飼料碗（P102、110）也很受顧客歡迎。
http://www.mkgr.jp

プラス工房

販售獸醫與兔子專賣店合作製作的高品質商品，例如軟綿綿不傷腳的防水墊（P104）、護理用的緩衝墊（P108、111），以及帶床的寵物提袋。是老年兔強而有力的盟友。
http://plus-kb.com

兔子時間編輯部

《兔子時間》是宗旨為「讓兔子和飼主度過的時間更加快樂」的兔子綜合性情報雜誌。每期都會發布許多讓飼主想要馬上付諸實踐的構想。只要看著雜誌裡新拍的可愛兔子照，就能療癒身心。《兔子時間》每年發行兩次，分別於春、秋發行。

插畫

Hamasaki Haruko

居住於大阪府，育有一子的媽媽。為插畫家，同時也在做繪本及包裝等設計工作。
2005年，在承接寵物商品設計時，得到一隻那間公司養的兔子寶寶，之後將這隻兔子取名為小金。

監修【第2章】／三輪恭嗣
（みわエキゾチック動物病院院長）

設計／大崎典子　大野瑞絵　佐藤素美

企劃協力／鈴木理恵

攝影協力／大澤由子

照片／井川俊彦　居木陽子　高原秀
平林美紀　蜂巣文香

感謝狀刺繡イラスト／白石さちこ

設計／橘川幹子

編集／堀口祐子（ポットベリー）

協力
加藤久美子（くみ動物病院／アジア獣医眼科専門医）
山内健志（雪龍山エルム鍼灸整体院院長）
山口真（星川レオン動物病院院長）
杉本恵子（みなみこいわペットクリニック医療サポートセンター院長）
山崎産業
この本と『うさぎの時間』に協力いただいた飼い主のみな様とうさぎさん

兔兔的老年生活規劃

出　　版／楓葉社文化事業有限公司
地　　址／新北市板橋區信義路163巷3號10樓
郵政劃撥／19907596　楓書坊文化出版社
網　　址／www.maplebook.com.tw
電　　話／02-2957-6096
傳　　真／02-2957-6435
著　　作／兔子時間編集部
翻　　譯／劉姍珊
責任編輯／王綺
內文排版／楊亞容
校　　對／邱怡嘉
港澳經銷／泛華發行代理有限公司
定　　價／350元
出版日期／2021年7月

國家圖書館出版品預行編目資料

兔兔的老年生活規劃 / 兔子時間編集部作；劉姍珊翻譯. -- 初版. -- 新北市：楓葉社文化事業有限公司, 2021.07　　面；　公分

ISBN 978-986-370-297-9（平裝）

1. 兔　2. 寵物飼養

437.37　　110007245